图书在版编目（C I P）数据

材料悟语　室内装饰材料设计与应用实验教学Ⅱ/杨冬江主编. —北京：中国建筑工业出版社，2012.2
ISBN 978-7-112-13960-6

Ⅰ.①材… Ⅱ.①杨… Ⅲ.①室内装饰—建筑材料：装饰材料—高等学校—教材 Ⅳ.①TU56

中国版本图书馆CIP数据核字（2012）第011229号

主　　编：杨冬江
助　　理：石　硕
责任编辑：吴　绫　　李东禧
责任校对：张　颖
装帧设计：倦勤平面设计工作室

材料悟语
室内装饰材料设计与应用实验教学II
杨冬江　主编
*
中国建筑工业出版社出版、发行（北京西郊百万庄）
各地新华书店、建筑书店经销
倦勤平面设计工作室制版
北京方嘉彩色印刷有限责任公司印刷
*
开本：889×1194 毫米　1/20　印张：17⅗　字数：520千字
2012年2月第一版　2012年2月第一次印刷
定价：**98.00** 元
ISBN 978-7-112-13960-6
(21970)

材料悟语

室内装饰材料设计与应用实验教学II

杨冬江　主编

中国建筑工业出版社

第五届国际
创意未来
Creative Future
Decorative Material
Creation Camp
D:FOCUS.CN
搜狐

第五届国际
创意未来
装饰材料
创作营

FORMICA
DURAVIT
JILINK
WinSun
生活家·巴洛克地板
三雄·极光照明
第五届国际
创意未来
装饰材料
创作营
The 5th Inte
Creative Fu
Decorative
Creation C

序

以材料的“表情”和材料的“穿越”为主题的第四届、第五届“创意未来——装饰材料创作营”在中韩两国七所高等院校的共同努力下，全体营员根据软木、地毯、水空间、光环境、木板材、3form以及防火板等材质与环境定位的小组，经过每次两周的活动，取得了令人可喜的成果。

“创意未来——装饰材料创作营”至今已经举办了五届，呈现了日趋扩大的规模，反映了其具有的强大生命力。原因在于其符合世界设计教育的发展趋势，这就是设计教育与社会实践的结合。

从中国设计高等教育自身的状态来讲，学校与学校之间的合作，学校与企业的合作，学校与不同地方的合作，成为中国高等教育面向未来的总的发展方向。由清华大学美术学院装饰材料应用与信息研究所主办的这个创作营，之所以能够得到各个学校的热烈响应，同时也在历届取得很好的成绩，正是顺应了设计教育发展潮流的趋势。近几年的活动有韩国首尔大学、暻园大学、淑明女子大学等院校的参与，于是就在以上所说的三个合作层面，增加了新的纬度，也就是活动的国际化趋向。

相信“创意未来——装饰材料创作营”经过2011年的这次“穿越”，必将带来明天更加美好的期望。

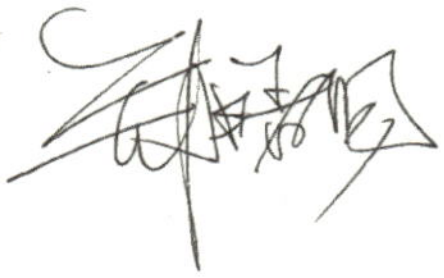

清华大学美术学院常务副院长

2011年9月15日

前言/

灵感跃动 创意无限

杨冬江

“创意未来——装饰材料创作营”创办至今已走过了五个年头。每年的暑期，来自清华大学美术学院、中央美术学院、天津美术学院、上海大学美术学院以及韩国多所大学的师生都会聚集在一起，共同组成多支不同研究方向的探索小组，借由体验不同特性的材料，相互交流与启发，探寻不同的创意空间，激发新的设计思路，深度挖掘装饰材料的特性和艺术表现力。

从第一届创作营开始，产、学、研一体化的模式便始终贯穿整个活动之中。其间，带队专家对于专业教学与研究的执著态度，莘莘学子充满活力的激情投入，以及国内外知名材料企业对于创意活动的鼎力支持，是创作营举办规模和学术影响力逐年壮大的关键。

材料创作营的带队专家主要来自于国内及韩国的著名高校，每一届接受邀请的带队专家都

全身心地投入到整个活动之中，其中像方晓风、邱晓葵、崔冬晖和杨宇等老师从第一届带队开始至今已成为 “五朝元老”。另外，活动也会邀请一流的建筑师、室内设计师以及艺术家参与其中，王辉、梁建国、马岩松、李存东、赵虎、赵虹、殷智贤、刘孜等有着不同专业背景和丰富阅历的老师给创作营营员们带来了更多的经验与灵感。

国内外的知名材料企业在此项活动当中也扮演着至关重要的角色，正是有了他们的鼎力支持，创作营所建立的让同学亲身触摸并挖掘材料艺术表现力的学习目标才能得以真正地实现。在前几届的创作当中，无论是老师还是同学还都有一定的心理负担，认为在企业为活动提供了支持与帮助的同时，我们如何能够在创作当中对于企业有所回报。但通过几年的合作，我们发现其实是我们多虑了。可以说，鼓励和培养中国未来设计师的成长，是这些企业支持和参与创作营活动最为简单而纯粹的目标。与此同时，经过几年的摸索，如何与材料企业有效地建立产、学、研一体化的合作模式也正在逐步得以确立和完善。

艺术设计本身就是体验性非常强的专业，很难想象一个没有坚实的专业基础以及丰富生活阅历的设计师能够设计出优秀的作品。由于所处的环境不同，提高生活阅历的手段、途径可能会因人而异；但是，专业基础和专业知识的获取却只有通过艰苦不懈的学习而得来。在我国高等艺术教育领域，理论教学与社会实践相结合早已形成共识。然而，如何将这一思想深化到实际的专业教学之中却是大家一直关注和讨论的中心。材料是建造的基础，没有对材料的了解和认识，又何谈掌握与运用？在装饰材料技术的研究与推广领域，产、学、研一体化的合作模式在国内尚不成熟。材料创作营活动举办的初衷就是希望能够更好地探索专业教学的广度和深度，通过实践教学使学生真正地去了解和触摸材料，提升艺术设计的表现力与创新力。

本书较为完整地记录了第四（2010年）和第五（2011年）届“创意未来——装饰材料创作营”的创作过程，从中我们既可以看到方案创作阶段的艰辛与纠结，也可以感受到创作营营员们在收获成果时所表现出的喜悦与激情。在本书的最后，创作营的各位带队专家专门撰写了论述文章，其中饱含了他们对于实践教学的深刻探究以及对于整个活动所倾注的热情，这些文字对于参与创作的每一位同学以及不断延续的材料创作营活动都是一份宝贵的财富和文献。

作为产、学、研一体化的合作模式的初步尝试，围绕装饰材料应用与推广的材料创作营活动，在主题选择、材料运用以及创作模式等方面会存在诸多需要改进和提升的地方。但我们坚信，在诸多专业同仁积极、热情的参与支持下，在他们充满激情的鼓励与带动下，包括创作营活动在内的实践教学活动今后一定会越办越好，学校的专业资源和优势将应用于教育事业之外的更多专业领域，更好地服务和回馈于社会，并培养出更多具有国际视野和学术水平的专业人才。

In Memory of the Foundation [illegible]
The Visual Art Cente[illegible]
Academy of Arts and [illegible] of Tsi[illegible] University

An exhibition space [illegible] indispensable to art schools,
for exhibitions provide [illegible] opportuni[illegible] facult[illegible] students,
and the public to commu[illegible]icate, and also to study [illegible]
The Central Academy of Craft and Arts was establis[illegible] 1956.
In the beginning, it got a wing of the auditorium in its for[illegible]er
campus on Guanghua Avenue as the exhibition space.
Then, in the year 1991, with the accomplis[illegible]ent of
The Building No.1, the Academy opened a formal Exhibition Hall
using the ground floor, basement and the lowe[illegible] garden.
After the Academy moved [illegible]hua University [illegible] 2005,
the Academ[illegible] Hall [illegible] Block as a[illegible] exhibition space.
Over the pas[illegible] figures [illegible] young artists
associated with this [illegible]emy who make Chinese paintings,
oil paintings, prints, [illegible]al paintings and do crafts and designs,
have created numerous excellent works of art.
The former temporary exhibition space is inadequate.
Because of safety concerns and other considerations,
the Academy decided in March 2009 to utilize some parts of the
present space to create a Visual Art Center.
[illegible]anging the architectural structure,
[illegible]ace with its own visual guide system,
[illegible]ion system finally took shape.
[illegible]truction.

目录

第四届国际“创意未来——装饰材料创作营”

4th International “Creative Future—Decorative Material Creation Camp”

感悟“材料的表情”

第四届国际“创意未来——装饰材料创作营”

活动概况

第四届国际“创意未来——装饰材料创作营”成果展览于9月13日在清华大学美术学院美术馆举行。本次创作营由清华大学美术学院装饰材料应用与信息研究所主办，清华大学美术学院环境艺术设计系、中央美术学院建筑学院、上海大学美术学院、天津美术学院以及中国室内装饰协会、中美室内设计教育与研究基金等多家单位联合协办。活动历时两周，共有来自清华大学美术学院、中央美术学院建筑学院、天津美术学院、上海大学美术学院以及韩国建国大学、暻园大学、淑明女子大学和国立首尔产业大学共八所院校的师生参加。

活动以“材料的表情”作为创作主题，营员们根据所获取材料的不同特性，表达并延展这一创作主题。创作营共分为软木、水空间、光与造型、木板材、地毯以及防火板六个小组，营员们借由体验不同特性的材料，相互交流与启发，探寻不同的创意空间，激发新的设计思路。各组师生通过亲身的理解、触摸与创作，建立与材料的互动和情感，提高对材料的理解和认识，积极探索材料应用新的可能性，拓展材料表达方式的极限。

在装饰材料技术的研究与推广领域，产、学、研一体化的合作模式在国内尚不成熟，创作营活动的连续举办不仅探索和拓展了专业教学的广度和深度，同时对于国内企业自主品牌的开发与企业文化建设也起到了积极的推动作用。

本次成果展览结束在清华大学的展出后，作品又分别前往中央美术学院以及天津、上海、广州和韩国首尔等地进行巡展。

■创作营顾问：

郑曙旸——清华大学美术学院常务副院长、教授

中国室内装饰协会副会长、设计委员会主任

中国建筑学会室内设计分会副会长

吕品晶——中央美术学院建筑学院院长、教授

赵　虎——美国《室内设计》中文版执行出版人

■创作营总策划：

杨冬江——清华大学美术学院环境艺术设计系副主任、副教授、博士

清华大学美术学院装饰材料应用与信息研究所所长

中国室内装饰协会设计委员会秘书长

■创作营特邀带队专家：

方晓风——清华大学美术学院环境艺术设计系副教授，中国《装饰》杂志主编

李朝阳——清华大学美术学院环境艺术设计系副教授

管沄嘉——清华大学美术学院环境艺术设计系讲师

陈　辉——清华大学美术学院雕塑系副教授

傅　祎——中央美术学院建筑学院副院长、副教授

邱晓葵——中央美术学院建筑学院第六工作室负责人、教授

崔冬晖——中央美术学院建筑学院室内设计教研室主任

杨　宇——中央美术学院建筑学院讲师

彭　军——天津美术学院艺术设计学院副院长、环境艺术设计系主任、教授

王　强——天津美术学院艺术设计学院副教授

何小青——上海大学美术学院建筑系副主任、副教授

黄国涛——上海大学美术学院建筑系讲师

谢明洋——首都师范大学美术学院艺术设计系讲师

王　辉——URBANUS都市实践建筑设计事务所总建筑师

李存东——中国建筑设计研究院环境艺术设计研究院院长、总建筑师

梁建国——北京集美组建筑设计有限公司董事长、创意总监

刘　孜——空享生活创意总监

徐秀卿（Swoo K. Suh）——韩国淑明女子大学设计系教授、中央美术学院客座教授、博士

李星勋（Lee Sung Hoon）——韩国暻园大学教授、清华大学美术学院客座教授、博士

■创作主题：

表情

■创作目的：

■提高对材料的理解和认识，建立与材料的互动和情感

■将概念的内涵在空间中进行全新界定

■通过对创作主题的表达，增强对于材料的质感和可塑性的认识

■学习对细部设计及构造的研究方法

■以可持续的眼光看待材料，积极探索材料应用的全新可能性

■作品要求：

■各组根据所获取材料的不同特性，表达并延展“表情”这一创作主题

■作品须为自我支撑的活动结构体系，可移动、可拆装、可再利用

■每组作品需由不少于三个单元组成

■三个单元的作品需有较强的关联性

■每组作品在展出时需配合完整的概念及方案草图

■活动日程安排：

2010年8月29日，创作营营员报到

2010年8月30日，创作营开营仪式

2010年8月31日，相关材料知识专题研讨及设计主题阐述

2010年9月1～2日，分组概念研讨

2010年9月3日，创意概念提交

2010年9月4～10日，创意制作

2010年9月11～12日，布展

2010年9月13日，作品发布及展览开幕仪式

2010年10～12月，作品巡展

巡展地点：

北京/中央美术学院

天津/天津美术学院

上海/上海大学美术学院

首尔/韩国淑明女子大学、建国大学、曝园大学

广州/第七届中国国际室内设计双年展

防火板小组

防火板小组

带队教师：
方晓风　邱晓葵　徐秀卿　李星勋

创作营营员：
李晓君——清华大学美术学院
余文达——天津美术学院
王洁——中央美术学院
吕冰——中央美术学院
河祥娥（韩国）——中央美术学院
张浩——天津美术学院
陆轶群——上海大学美术学院
石钰——清华大学美术学院
刘凌子——中央美术学院
冯茜——清华大学美术学院

合作企业：
上海富美家装饰材料有限公司

创作笔记

2010年8月31日～9月1日　参观调研

8月31日　开营第一天

材料创作营的第一天，紧张而充实。上午，每位带队老师从不同角度为我们分享了不同的设计案例。方晓风老师介绍了日本建筑设计的一些细节，启发我们要关注生活；傅祎老师介绍了当代艺术设计中对材料新运用的尝试，启发我们要从全新的角度运用材料；杨宇老师分享了自己的设计，让大家看到了不同施工阶段的作品，对节约材料，节省时间和人力都有一定的思考；彭军老师主要是对国外学生作品的分析，启发我们要将材料的特性发挥得淋漓尽致；谢明洋老师从自己对“表情”的理解，到阿基米德螺旋面，再到无数木板材的例子，让我们思考“砖爱拱券，木板材爱什么”；徐秀卿老师用一段视频讲述了连接两根绳子的方法，其中虽然挫折不断，但最终有人完成了任务；崔冬晖老师让我们看到了材料的表现张力，同一个单体用在建筑的各个部分，会给人带来对建筑的全新感受；李朝阳老师跟我们分享了钉子在木板上留下的痕迹，启发我们不但要关注材料本身的特点，还要注意到不同材料之间丰富的组合关系；刘孜老师为我们介绍了Kartell的经典设计，以及雪花设计展和纸板酒店，让我们看到了材料所创造的巨大感染力；李存东老师从“生长”以及“组合”、“光”、“尺度”等几个角度启发我们用不同手法尝试材料的运用逻辑。

下午，企业代表详细介绍了不同产品的特性，为每个小组提供了丰富的材料信息。杜拉维特让我们体验到高品质的卫浴空间；富美家把我们带到一个五彩缤纷的防火板世界；生活家让我们感叹地板的手工自然魅力；盈创让我们惊叹于GRG自由的流线；杜邦让我们看到可丽耐丰富的表现力；三雄极光让我们向往神秘的光魅力；静林软木让我们发现了软木的无穷趣味性；美利肯让我们了解到地毯的编织之美……

小组成员跃跃欲试，期待大家的精彩表现。

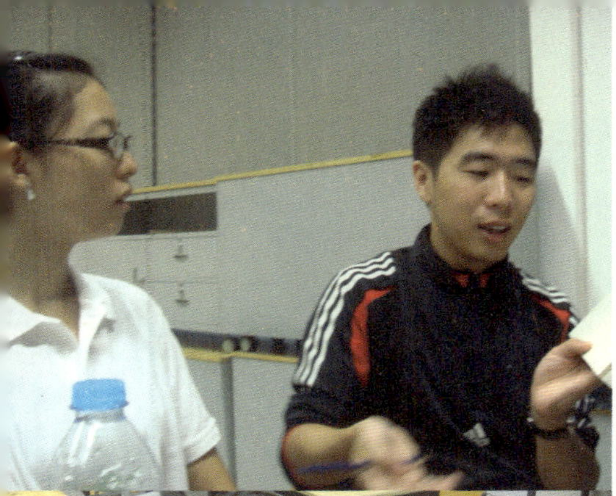

9月1日 方案讨论

早上9点，大家就已会聚一堂。抱着昨晚对作品的构思，见面不久大家就已开始纷纷讨论。首先，组长提出了这次主题的走向，一种是表情本身的直观展现带给人的感受；另一种则是通过作品传达某种思想去抓住观者的一种情绪，使其了解作品所传递的表情。其间，其他组员也给出了不同的意见，有说要加强形式感的；也有说可以通过物体的两面性去进行讨论，利用空间语言去对形体进行阐述。就在讨论愈演愈烈的时候，方老师走了进来，在大致地了解了同学们的想法后，便进行了引导。他让同学们在整个展厅中去思考对形体的表达，即思考作品与空间之间的关系。方老师还告知我们要用抽象的形式去表现，表达的方式可以通过色彩、肌理，以及构成的形式去诠释。

中午，大家叫了外卖草草了事，休息片刻之后便又深入讨论。经过方老师梳理之后，大家理清了头绪，开始冥思苦想。就在这时张浩突然画了一个被许多绳子拉扯的体块，另外一个女生随即画出一张场景布置草图，他们的想法得到了大家的共鸣。布满线的场景或多或少已经向人们表达了某种情感。接下来就是对三个装置的形状以及所表达主题的研讨。但讨论了整个下午，没有做出任何东西，我们的方案再一次陷入僵局。

大体思路已经有了，我们不会放弃对场景的延伸布置，但对于作品的设计我们却还是各执一词，想法也无法统一。看着天色渐黑，我们决定明天大家各出一个新方案，能够具体着手去做、跟着大感觉不跑调的方案，或许答案就在新的一天。

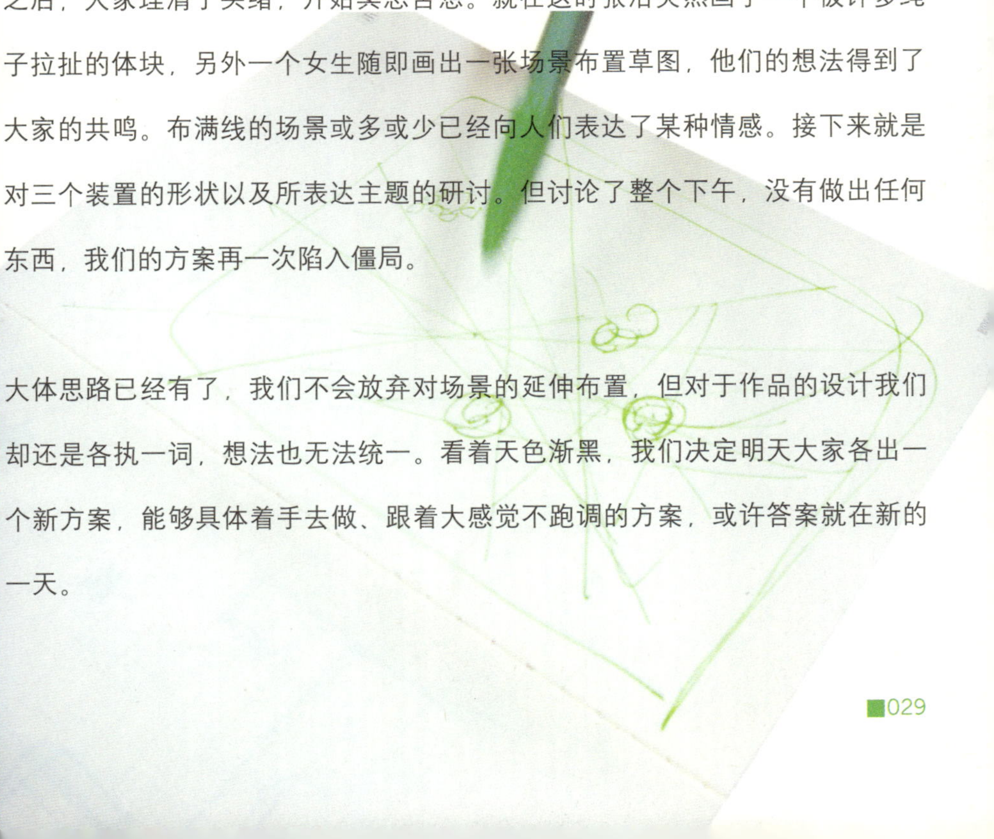

2010年9月2～3日　概念研讨

9月2日　方案深化阶段

在不断的“提出”与“推翻”中我们结束了昨天的方案讨论。虽然同学们对于场景的布置达成了一定共识，但主体的主题与形态依然没有一致的方向。而明天早上我们就要作方案汇报，所以今天注定是要与时间赛跑的一天。

邱老师一早就来到教室看方案，每个人都在昨天的成果基础上提出了各自进一步的设计。老师从设计的“情趣性”、“精致感”等角度给提出新的建议。根据邱老师针对每个人的点评，我们挑选出两个比较成熟、有更大发展空间的方案，并迅速地分成两组来工作，希望两个方案可以同时进行，然后再让老师指点。

一个方向是利用方体内外不同的材质来表现表情的两面性，突出对比；另一个方向是利用同样元素的重复叠加制造不同造型，来表现表情随时间的变化而变化，突出连续性。于是，讨论又开始，“提出”—“推翻”—“提出”—“推翻”的故事再一次上演，搞得大家筋疲力尽。

当两个方案都在磕磕绊绊中步履维艰的时候，方老师出现了。

方老师很明确地指出了两个方案各自存在的问题，一个是表现语言过于分散；一个是表达不够明确。然而，话锋一转——如果这两个方案互相取长补短组合

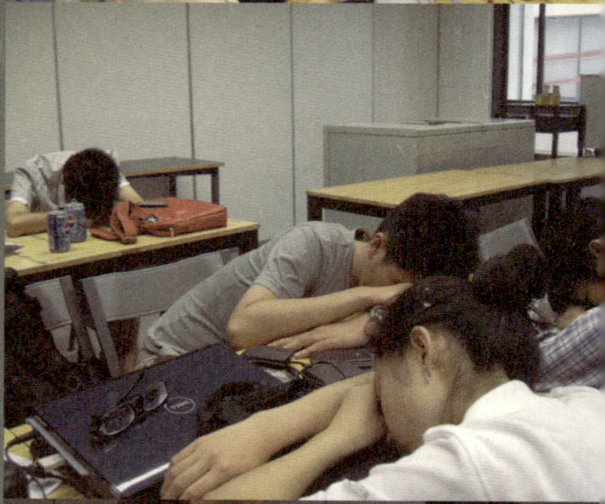

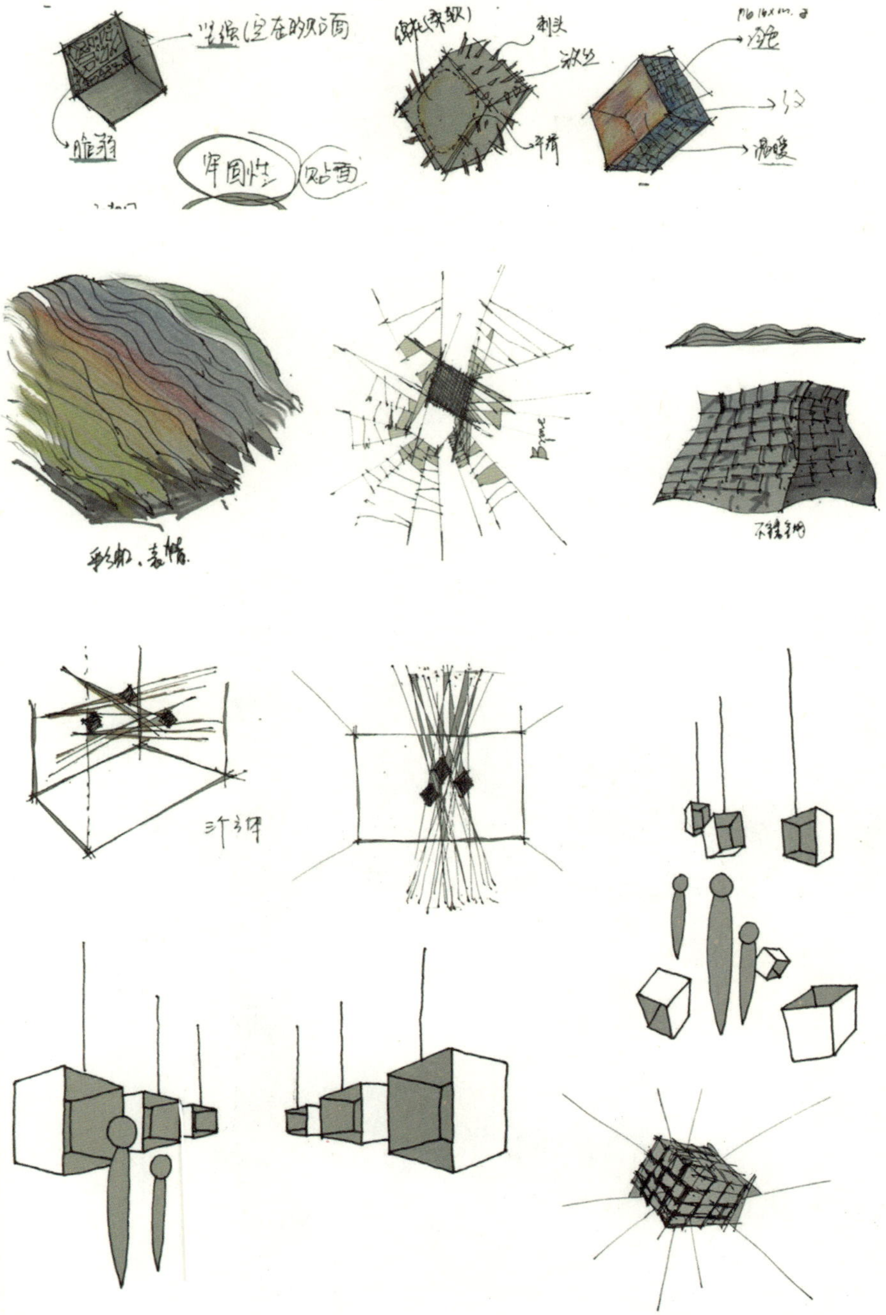

成一个会怎么样呢？这个想法的提出像给我们打了一针兴奋剂，把我们又拧成了一股绳。大家马上聚拢讨论起来，终于确定了最后的发展方向，就是以对比为主题，即平实的表皮与丰富的内部形成视觉反差；在内部做法上将元素统一起来。

接着组长分配任务，为最后的PPT汇报展示作准备……一阵忙乱之后，就已经十点了。

现在，回看方案设计讨论的这两天，同学们互相启发，相互学习。有关设计的，无关设计的，有时候过程是重于结果、内容是大于表象的，就像我们的作品。

祝我们小组明天一切顺利。

9月3日 概念汇报

为了今天上午的汇报昨天晚上大家都努力到很晚，不过今天我们仍然成为了最早到达搜狐大厦的一组。在认真负责的组长带领下，我们还在直播前进行了最后的冲刺。王洁同学挺身而出，承担演示主讲的工作，为大家介绍小组的设计概念，方案形成过程，和最后敲定的相对简洁纯粹的表达方式。汇报会中，我们的创意得到了指导老师的鼓励。汇报会结束后，大家终于可以有时间好好吃吃饭、睡睡觉了。

下午，在方案基本确定后，与材料企业代表联系沟通，发现方案在可行性方面仍然困难重重。如何具体实现我们的方案？成为我们接下来几天的最大课题。时而陷入僵局，时而气氛热烈。

晚上，教室里很快“人去楼空”，只剩下了我们还在激烈地探讨。希望大家放松心情，明日再战。

2010年9月4～10日　创意制作

9月4日　材料城

大家来到北京已经第六天了，并已渐渐熟悉清华的校园，照澜院的环境有点像老北京的味道，少了一些忙碌，多的是一份惬意。在高大的松树下莘莘学子开始了一天新的生活，在通往美术学院同样的道路上，每天都有新意的发现。

九点多我们从清华东门出发，目的地是居然之家。约40分钟后，到达这个综合型的材料城，我们先去咨询木板、防火板和一些小配件。考察不同木板材的同时，伙伴们也不断地讨论、分析着。途中，组长还跟企业代表联系了材料的发货时间。下一站是宜家，哎呀……没有什么太多的收获……我们“返航”了。

回到学校，方老师又在万难中出现……迷失的我们找到了方向……大家也对设计有了新的认识！我们相信自己，我们能做好！

9月5日　步入制作阶段

今天是活动的第七天，虽然很辛苦但是大家都很开心，材料已经准备好，即将步入紧张的制作阶段。方案基本确定，我们开始实际制作的第一步。

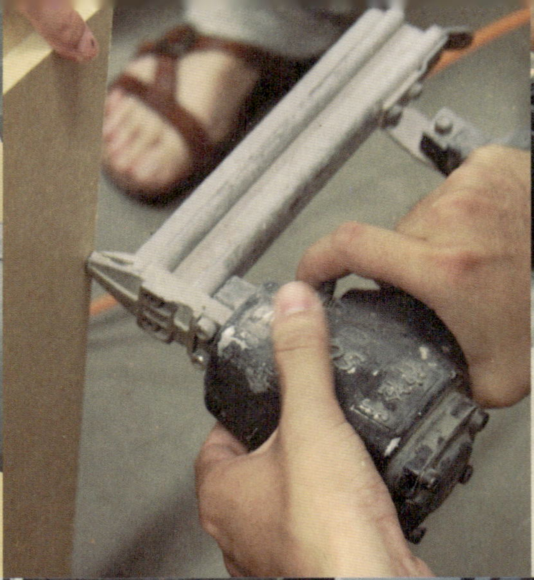
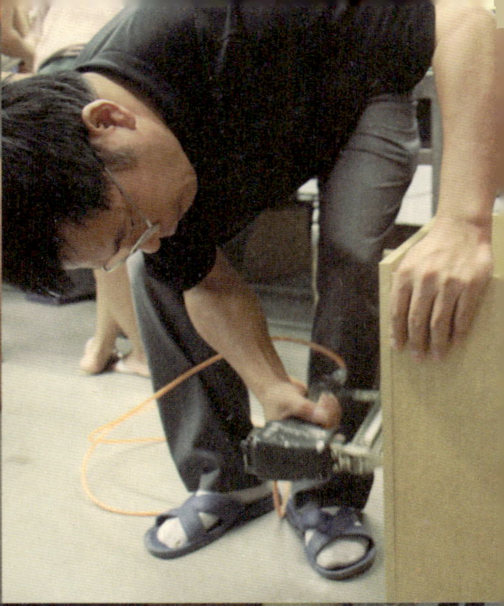

9月6日 方案在实践中继续改进

几天以来，都在忙忙碌碌中度过，今天依旧是早出晚归，吃饭都是在美院订餐。回顾一下今天所感受到的工作，主要是裁剪和粘贴镜面防火板。

在进行剪裁的过程中，我们惊奇地发现，在镜面防火板上刻痕，镜面互相反射，会产生多重空间的错觉。如果在箱子的一边镶贴彩色防火板，整个箱子都会充满一种色调。剪裁好的板和箱子内部被刷上了万能胶，胶水要等晾干后才能将两块进行拼接。万能胶有强烈的腐蚀性，气味很大，大家已经难以忍受。有的打喷嚏，有的流眼泪，但大家还是坚强地戴起口罩继续工作。

这些彩色的塑料块到底是什么呢？我先卖个关子，请大家猜一猜。谜底就请大家最后在我们的作品中寻找吧。

9月7日 完成盒子的制作

今天我们终于完成了盒子的制作，几个大盒子一溜排开，很有气势！

9月8日 拼装玩具

又是一整天的劳碌。早上，因为材料尚缺一部分，几个同学去买模型材料。下午，大家继续研究模型和制作展板。

呵呵，一直玩玩具也是一件很累人的事情，这种益智玩具单体组合有很多种可能。所以，每一次拼装都是一个新的结果。大家玩得从开心到郁闷，只想让玩具的拼插有一些规律性，但总是不满意自己的作品，还得继续努力呀！

还是有很多工作要做的，这么多天的努力过程都要全面地展示。哈哈！革命尚未成功，同志们仍需努力，加油！

9月9日 紧张的气氛

上午九点，接到玩具商的电话，说没有跟上次一样的玩具。这就意味着，我们的材料不够用。再次接到电话，玩具商说有大一号的玩具。之后，玩具商做试验，发现两套玩具根本拼不起来……那就自己动手，买喷漆，改变玩具的颜色。方老师今天来到工房看过我们两次。每次听方老师的指导，都会有恍然大悟的感觉。即使是跟方老师聊天，我们也会受益匪浅。邱老师带来的师兄也是尽全力帮我们出主意、想办法。

在拼装玩具时我们也并不轻松。大脑在飞速运转，有什么想法，就立刻拼，但视觉效果总是没有想象中的强烈。时间越来越紧，气氛也越来越紧张。木工房里电锯的声音几乎不停……

9月10日 完成作品

作品终于完成了，看着自己的成果，略感欣慰的是我们预想的效果已经达到了。在这几天的制作过程中，有辛酸、有汗水、有艰难，当然更多的还是彼此间沟通的快乐。六个看似简单的盒子，其实是一种纯粹、简单的积木拼搭成简单的快乐，丝丝温暖融入其中。依稀记得刚开始两天的激烈讨论，以及后期方案一步一步进展的过程。这其中包含了好多次奔波，好多次挤破脑袋去想问题，好多次方案的细微改变。或许我们不成熟，在漫长的设计旅途中也只算迈出了一小步，但累积的过程是快乐、有意义的。

2010年9月11～12日　布展

9月11日　布展的一天

今天布展。我们要把六个盒子全部悬挂起来，真是高难度的工作。免不了的是体力活，沉啊！在工人师傅的帮助下，还是顺利完工了。

终于可以松口气，放松一下了。

9月12日　闭幕式

在14天不多不少的日子里，几颗年轻的心灵碰撞在一起。这段日子里，来自不同地方的同学们得到的不只是作品，更多的是一份浓浓的感情，我深深沉醉于此。

在材料营的最后一个北京清晨里，我们开始了最后的布展和闭幕式工作。早上去展厅看了最后的布置效果……天津美院的彭老师来了……点评了一下我们的作品，中肯地满意我们的成果。中午，小组的几个男生一起逛了五道口，在午饭中，大家都感受到了离别的气息，大家静静地都不愿打破这一平衡……下午，我们和“部队”会合，大家有说有笑，轻松快乐洋溢在我们年轻的脸上……

闭幕式开始了，带队老师一个一个的讲话，对于我们作品的成果，作出了肯定的表态。大家一起疯狂地合影、游戏。我们互相签名，写上鼓励

的话，祝福的话……结束后，方老师带我们游清华园，介绍了很多有意思的典故。对方老师，我们真的是既尊重又敬佩，我永远会记得这位好老师。漫步在清华园，体验的是它的风采和文脉，一草一木似乎都有它的故事……

最后来到近春园餐厅，我们尽情地吃着可口的饭菜……晚餐中方老师展示着他渊博的学识和谈吐……我们小组的使命结束了，第四届的防火板小组永远成为了历史……它永远留在了我们的心中……

大家没有时间告别，因为这一切都太匆匆了。我们没有勇气看对方，因为泪水已经润泽了我们的双眼。14天的日子里，在一个梦的空间里……我们会记得这段日子。正是因为有了分离我们才能体验到相遇的美丽，有了泪水才能把欢乐更好地留在我们的心中……消失的第四届防火板小组永远会留在我们心中。一份温暖的记忆。

谢谢方老师、邱老师、孙师兄和所有组员……

作品名称：

PURITY—融

作品概述：

将简单的方盒子在形式上一分为二，一面表现纯粹，一面表现融合。就像一个人在平静的外表下内心装满丰富的情感，只有处在属于自己的小空间中才会展现给自己品味。作品突出了外在与内在的不同，通过形式与视觉效果展现两面性的对立。对于内在的丰富，我们并不会定义每一个是什么，而是创造一个氛围，让观者自己去体会外在与内在的不同，去体会内在中不同的丰富并联想到自己，以及自己所经历过的往事。

地毯小组

地毯小组

带队教师：
何小青　　王辉　　黄国涛

创作营营员：
于流洋——清华大学美术学院
李璐——中央美术学院
陈华元——上海大学美术学院
Kim Seung Joo——韩国淑明女子大学
王蓉菲——清华大学美术学院
夏嵩——天津美术学院
冯依睿——上海大学美术学院
宋国超——中央美术学院
张金——清华大学美术学院
丽拉（俄罗斯）——中央美术学院
Choi Jong Hyung——韩国建国大学

合作企业：
美利肯集团

创作笔记

2010年8月31日　参观调研

8月31日 开营第一天

经过振奋人心的开幕式以后，正式迎来材料创作营的第一天，也可以说是初步阶段最充实、重要的一天。就在今天上午，众多优秀的带队老师给我们上了十分有意义的一课，把他们的设计经验倾囊相授，让我们在深受启发的同时，感受到不同的设计思想，不同思维碰撞的火花。相信这些火花，将给我们以更加开阔的设计思路，引导我们走上创新之路。

下午，各个企业各具特色的讲解，给予我们很多帮助。让我们在了解企业文化的同时，更好地去认识材料的特性，让材料能够更好地服务于设计。会后，材料企业代表详细地解答了我们的问题，对于材料的挑选给予了很大的支持，也让我们对接下来的创作充满信心。

尽管一天的讲座学习让我们感觉疲惫，但汲取到如此丰富的知识以及老师的不吝鼓励，更让我们感到无比振奋。十分期待创作的日子，也相信我们小组能够在欢声笑语中做出令人惊奇的作品！

2010年9月1日～9月3日　概念研讨

9月1日　方案初步讨论

早上，在美利肯集团代表柏经理等的簇拥下，我们到美院咖啡厅展开了为期一天的讨论。按照安排，上午是大家各抒己见。有意思的是，平平的地毯给我们带来了各种各样的表情。韩国的朋友以他们独特的视角诠释着地毯，给我们全新的认识。各大院校的同学更是迸发着各自的激情。上午在大家的阐述中出现了百家争鸣的现象。

下午，我们开始了第二轮讨论。对已提出的概念进行总结，分析并寻找共同的主线，如何将“表情”与“地毯”结合？大量的方案在我们的评价和再议论中，反复再反复，不知不觉中一个小时、两个小时，从一点到五点，大家在不间断地积极思考着，将我们由感性带到了理性，由混乱走到了一致。最终，我们定下了两个主打方案和多个备选方案。

傍晚，我们带着讨论成果去王辉老师的工作室汇报方案。首先，王老师认真地从各个角度点评了设计方案，给了我们很多启发性的引导。其次，是对现代艺术资料的收集以及从所收集的材料中如何去提取和分析，让我们重新去认识了“什么是地毯”。同时，队友们分别介绍了各自的想法，重点解析了两个主打方案和备选方案。最终，王老师肯定了我们的思维方式，确定了新的命题。“从地毯到地毯，从本源回归本源”，希望在未来的几天里，我们可以对这个全新的命题展开更大的突破。

9月2日 开始制作模型

十点，全员到齐，展开新一轮的讨论。通过昨天王辉老师的指导，同学们提出了很多针对地毯本身属性的创意方案。

中央美院的一位同学提出关注地毯的“韧性”和“可塑性”，将原料作简单的处理，卷曲成筒状，再进行排列连接，形成类似弹簧的壳体结构；这一结构的密度随机变化，形成连续的曲面，营造不同的行为方式；从地面到墙面到顶棚到家具，带来从“躺”到“靠”到“触”再到“坐”的行为模式。另一位来自俄罗斯的留学生丽拉也提出了以“花”为原型的创意，用大大小小的卷筒装地毯模拟花的形态特征，就好像花的雕塑从地里生长出来一样。

下午，一部分同学讨论并完善方案，通过制作模型，大家验证了这两个方案的创新点和实施性。王辉老师和何小青老师也对方案给予了肯定，并提出了宝贵建议，这让我们信心倍增。

9月3日 方案确定

流光容易把人抛，红了樱桃，绿了芭蕉，白了头发，黑了眼眶。从开始的陌生到现在的熟悉，从开始的不知所措到现在的颇有默契，头发没有白而眼眶着实黑了一把。

今天，全体营员来到搜狐大厦参加创作营创意概念的汇报会。我们小组提交汇报两个方案，通过老师的点评让我们更深层次地认识到地毯在材料中的运用。其间，我们观看了其他小组成员的作品，受到颇大的启发，也给予我们极大的灵感。但是这并不足够，我们依然在此之后探讨了许久关于我们作品的形状以及表达方式。我们深知，有的因为技术难以实现，而更多的是由于组员的精益求精。即便我们备选了多个方案，但还是要摒弃一些，剩下一个完美的方案。

最终，通过几天的讨论、建模以及大家的共同抉择，我们确定用花瓣的形式将地毯的特性以及纹理表象呈现。

组员之间越来越熟悉，已经开始渐渐喜欢上这个充满创造力的团体。在这个漫漫长路上，就让我们继续勇敢地、蹒跚地、无畏地走下去吧！

2010年9月4～10日　创意制作

9月6日 切割地毯

今天，组长请来美利肯集团的地毯师傅帮助我们切割地毯，并指导队员们怎样做才能把地毯完美地连接起来。之后，在师傅的指导下，作了多次尝试，便开始了我们的制作之旅。先从单体的拼合开始，直到能达到我们需要的效果，才开始批量的生产，从大花瓣到小花瓣，全体队员都在努力地制作着。这个过程虽然累，但大家都快乐着。

在制作的过程中，笑声不断，即使我们语言上不能对韩国友人顺畅地表达清楚，但是我们会肢体语言，拧一个螺钉、打一个孔、固定一个杆件……累了，我们躺在地毯上；饿了，我们订外卖集体聚餐，你吃我的，我吃你的，笑声就像音符一样总是围绕着我们，从头至尾寸步不离。

时间总是过得如此之快，太阳东升西落，没感觉工作了多久，不经意间又该到散场的时间了。看着渐渐成形的作品，心里也按捺不住一丝丝喜悦。希望之后的几天能顺利地进行我们的制作，同时，无论顺不顺利，永恒不变的都是始终伴随着我们组员间的欢声笑语。用韩国伙伴教我的韩语结束这段博客吧！“啊扎啊扎，华一挺”（加油）！

9月7日 花形呈现

上午，我们把昨天制作完成的花瓣部分连接之后，模型初步呈现出一朵完整的花形，大家都非常激动。黄老师很兴奋地举着相机帮我们和模型拍合影。大家一个个地站在花形中央摆出各种姿势照相。之后，一起摆人形花瓣和千手观音，气氛达到高潮。

下午，制作工作并不太顺利，花形虽然做好了，但是要达到预期的高低起伏的造型却没那么容易。地毯的韧度不够，由于自重过大，使得光凭自身支撑无法做到形体的挺拔。多次尝试调整工作后地毯仍然瘫瘫软软。夏嵩和宋国超开始试着用绳子穿在花瓣之间，希望借由花瓣向外的张力互相拉扯成型，可效果依旧不太明显。于是，我们在穿几根绳子、穿在什么节点、绳子如何收紧、如何解决重心位置等问题上展开讨论和试验。在不断的试验中，一次次的失败让我们越来越感受到问题的难度，心情渐渐低落。但是时间不容许我们的情绪拖延工作进度，夏嵩很认真地重新想了很多连绳子的办法，我们按照他的想法试验了几次，效果好了很多。绳子越收越紧，花形也渐渐饱满地立起来，终于最后一次试验达到了比较满意的效果。回报的鼓舞是很大的，依旧还有很多问题需要解决，克服困难的信心和坚持不懈的韧性会是我们最大的收获。

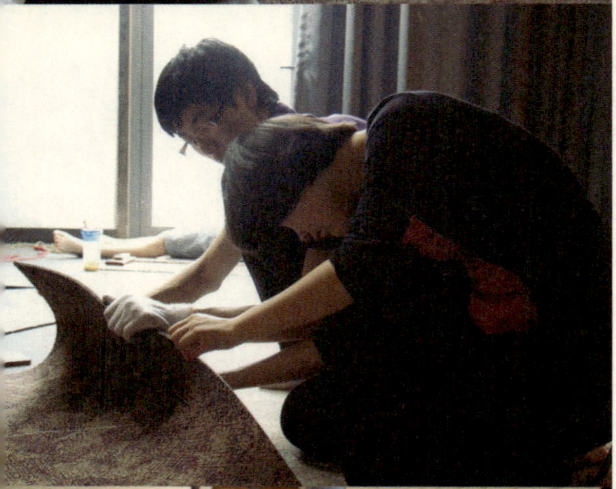

9月8日 地毯之花即将盛开

我们小组作品完成的进程还是挺顺利的，每一个步骤都是非常有序的，而且大家都能够齐心协力。在卷地毯这样一个个小单元的过程中，尽管固定的过程需要费很大的力气，但是不管是男生还是女生，大家都参与其中。现在，我们终于完成了所有的单体固定，再苦再累也是值得的。

今天的任务变得更加的严峻，每天大家都是拖着疲惫的身躯来到制作场地。但是，大家只要一见到还未完成的作品就又都充满了热情和干劲。

我们需要用已经完成的一个个小的单元，把造型的立体效果摆出来，让这朵地毯之花盛开。但是，这毕竟是地毯，而且体积比较大，不会像做纸模型的时候那么容易。这需要多种方法的尝试才能把它真正立起来。尽管失败了很多次，我们的组员始终没有放弃，在大家的努力下，终于把整个形态立了起来，大家都为此感到无比的兴奋。

9月9日 花儿的风采展现

初步的作品造型已经完成，大家的成就感也油然而生。然而作品的名字始终是我们的心头大患，一个意义非凡而又含义深远的主题始终很难完成。所以我们会一直在追求作品完美的过程中不断努力，并相信作品的完整与完美也是在一次次的改变和推敲之中不断形成的。

我们的组员很团结，对于作品和自己的设计要求也很高，但这是个很折磨自己的优点，不断地完善自己是个必要的过程与不可缺少的精神，只有这种精神的存在，才能取得最后优秀的成就。而这个必经的过程也是一段成长的过程。

希望在之后的几天我们可以发挥出之前的无畏精神，以最好的姿态完成设计，展现出我们地毯组的风采。

9月10日 最后调整

经过昨天的教训，我们把方案继续作了调整，失败乃成功之母，不用麻绳岂能知渔线的好？我们将牵拉花瓣的麻绳改为渔线，效果很好很强大，纤细唯美，晶莹剔透，这美感岂是麻绳可比？不过，这巨大的花瓣像是要把渔线拉断似的，真担心它在展览的时候突然崩断。我们只好去买更粗的渔线尝试。

下午，我们不但调整了线，连牵拉的方式也由互拉式变为单线定点固定，在花的下面添上了一块木板专门用来固定线和花瓣的下端，这下花形终于完全稳定了。不过仍然让我们担心的是渔线由于长时间紧绷会不会变松懈，这还要靠时间来验证。后天我们还要在花朵里加上灯光效果，这样可以使由于地毯本身的暗红色而显得灰暗的作品变得富有光彩。花心部分装上灯管后在上面盖上一块略小的弯成如花朵形状的地毯，让灯光从花朵边缘微微渗出来，显得十分含蓄而高雅。

我们非常细心地调整花瓣的形状，尽量保证它们都能饱满地膨胀起来，不会因为过度挤压而变形。牵拉花瓣的渔线也要重新拉紧。花朵下面用来固定的木板要用地毯小心地遮起来。花朵周围散布的小块地毯的摆放位置和弯曲的角度也要最终确定下来。虽说是调整工作，但是仍然很繁琐。明天这件作品将会在展览大厅和观众见面，我们这么多天的心血终于要接受观众的考验。大家的心情不免都有些激动和忐忑不安，不管结果如何，我们在这次活动中相遇，共同合作，一起面对各种困难，一起思索，一起解决，一起享受每次成功带来的喜悦，这还不够吗？

2010年9月11～12日　布展

9月11日 胜利的终点

开始布展了，在这个最后冲刺的时候，我们用钢圈固定了原来处于变形状态的地毯花瓣，而其中原有的一些缺陷部分也用适当的方式——地毯切割来填补，这使作品更加完美。鹅卵石和白色碎石的运用更让作品锦上添花。虽然我们在制作过程中碰到了一系列问题，但解决问题的过程无疑成为创作过程中的亮点，促使着我们前进，而这也给我们敲响了警钟，让我们在以后的设计过程中不能只在乎美观，关于设计的方法以及理性的思考也是必须的。

我们的设计理念以及辅助设施一直随着灵感的改变而不断地被修改和完善。布展的过程很顺利，在这个离胜利不远的地方，只有坚持与继续前进，才能最终到达那个属于我们的终点。

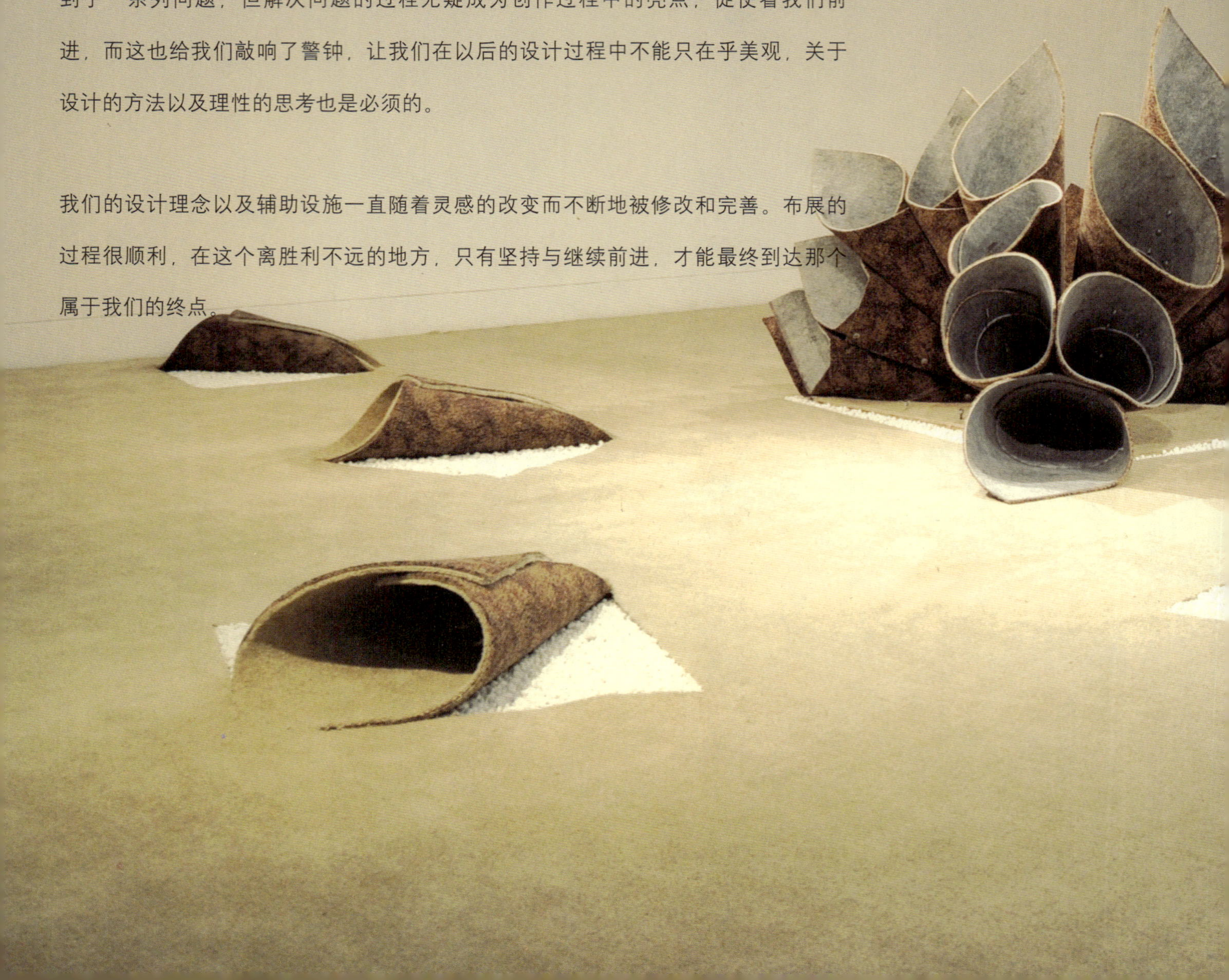

9月12日　离别

终于到了作品发布的日子，上午我们把作品布置完成。下午四点在清华美院美术馆举行，就像开营仪式一样，各组聚集在一起，这次大家不像刚见面时那样羞涩，而是侃侃而谈对各个作品的感受和看法。

晚上，全体营员在清华大学近春园聚餐。上海大学、天津大学和韩国的同学就要回去了，席间大家依依惜别，还互赠了小礼物，虽然即将分离，但相信在未来的设计生涯中我们还会再见。通过这次活动我们不仅收获了知识和经验，还有更为珍贵的友谊。

作品名称：

绽放

作品概述：

作品运用简单、纯粹的卷铺形式，结合地毯自身属性的特点，采用单一的形式组合，从疏密、大小、数量、形状进行变化，让参观者能够乐在其中地参与，踩在舒适的地毯上，感受地毯全新的装饰形态，给参观者带来情感和表情上的互动体验。

水空间小组

水空间小组

带队教师：
杨冬江　　崔冬晖　　陈辉　　梁建国

创作营营员：
赵倩倩——清华大学美术学院
易术中——清华大学美术学院
唐慧萍——中央美术学院
Lee Ye Seul——韩国暻园大学
冯桂英——中央美术学院
何俊霞——上海大学美术学院
Kim Hye Mi——韩国淑明女子大学
王彪——清华大学美术学院
崔敬宜——中央美术学院
李倩——天津美术学院

合作企业：
杜拉维特（中国）洁具有限公司
上海盈创装饰设计工程有限公司

创作笔记

2010年8月31日～9月1日　参观调研

8月31日

上午，几位带队老师给我们分享了他们对材料的理解以及对主题的创想，异彩纷呈，大家收获颇丰。下午是装饰材料企业对各自材料性能的介绍，我们对各种材料也有了略微系统的了解。

会后，小组成员进行了组内第一次讨论，我们先讨论了水在自然界以三种形态存在：固态、液态、气态。具体表现形态为：固态，包括冰、雪、霜、冰雹；液态，包括云、雨、雾、露；气态，主要是水蒸气。水也可以分为淡水和咸水两大类，以及水的静止与运动状态。还有人们日常饮用的水，主要有纯净水、矿泉水、矿化水、太空水、富氧水、去离子水、自来水、蒸馏水、磁化水、硬水等。

崔敬宜认为水具有流动性与包容性，因为材料的不确定性，希望能通过类似于冰块之类的东西融造一个可穿行的空间。人能够自由地穿行于其中，从而通过空间的体验来理解水的不同形态与表情；人在穿过这个空间时，随着时间的变化，以及观看者的秩序不同，不同的人会有不同的感受，就能体会到水的不同表情。水的表情是不同于人的表情的，人的表情可以千变万化，而水的表情只有通过我们的感知才能体会。同时，因为所使用的材料，时间和温度的变化，冰可能会融化，变成水滴下来，又通过结冰……这样循环水的表情就自然而然了。易术中提出我们可以把这次创作的主题“表情”和水空间进行些头脑风暴，只要是相关的先都把它说出来。

唐慧萍谈到水的声音，比如水滴的声音、海水的声音、溪水哗哗流动的声音、冒水泡的声音、瀑布的声音等，通过对声音的联想，我们体会水空间的不同表情。赵倩倩觉得水的表情需受到外界的刺激才会产生，与人的表情是类似的，都是受到外界刺激而形成自身状态的变化。当不受外界影响时，水可以是平静的，就像镜面一样，但受到外力的影响，水也可以是欢快的或是愤怒的，比方说暴风掀起的海浪、潮汐，或是山洪等。

最后，Kim Hye Mi提出人的表情（像快乐、愤怒、悲伤等的变化）与水的流动性产生一定的联系来表现主题，比方说人的眼泪流下来与水滴掉下时的状态存在着某种关联性。李倩考虑到石膏的形态，我们所做的尽量简单可行，并达到效果。水是变化的，水滴石穿，水的冲击能形成高低起伏的变化，就像三角洲、干涸的稻田。

2010年9月1～3日　概念研讨

9月1日

小组全体队员在清华东门集合，与来自杜拉维特的代表一同前往杜拉维特公司展厅进行参观学习。

午饭后大家聚在一起进行讨论，各自阐述自己的方案。赵倩倩首先发言，她觉得可以以纸为材料，进行切割与粘贴，并将其拉拽成不同的形态，用绳子在不同的地方打结，借以人的干预，表现外力能让事物形成不同的表情形态。李倩和王彪还是觉得以石膏为材料更好，可以赋予水以人的表情概念，以石膏来表现水的瞬间凝固状态，形体由尖锐到圆滑的转变以引申到表情的变化，或者在平面上高低不同的孔洞中，放入淡蓝色的玻璃球，不同深度的玻璃球呈现出类似水的状态，深的水可见度低、颜色深，浅的水可见度高、颜色浅，以此来模拟水的样子。冯桂英针对水其中的一个特性——透明性，以亚克力为材料，进行不同颜色、形状、方式的叠加，形成不同透明度及反色度的对比。

大家各抒己见，讨论得异常激烈。韩国同学Kim的想法是水的轨道循环，设置三个点，将水以不同的流动方式表现不同的表情，然后用类似光纤物质塑造从地面往上任意生长的形态，让人手拂过有水波流动的感觉。崔敬宜则希望能根据水自身状态给人的感受和它的包容性与流动性，以冰为材料做空间，冰遇热融化，当人进入到这个空间以后，真实体验到水滴下来和水滴到地上的声音，突出水滴所带给人的心理感受。唐慧萍想以石膏为材料，以荷叶为原型，做三到四个荷叶形状的圆盘，圆盘底面有微角度以至于人站上去有晃动感，加上红外感应以及投影仪的配合，人站上去以后会在圆盘边出现光圈散开，让人感觉置身水中一般。何俊霞的方案是以蜘蛛网上挂水滴为意向图，表现瞬间状态下所产生的空间，加以颜色与不同状态的结合，以实体表现虚体的状态。

老师参与讨论，要求主题明确，强调限定性，表达环境性。并指出了各个方案的可操作性与不可操作性，然后提出方案的深化与修正。

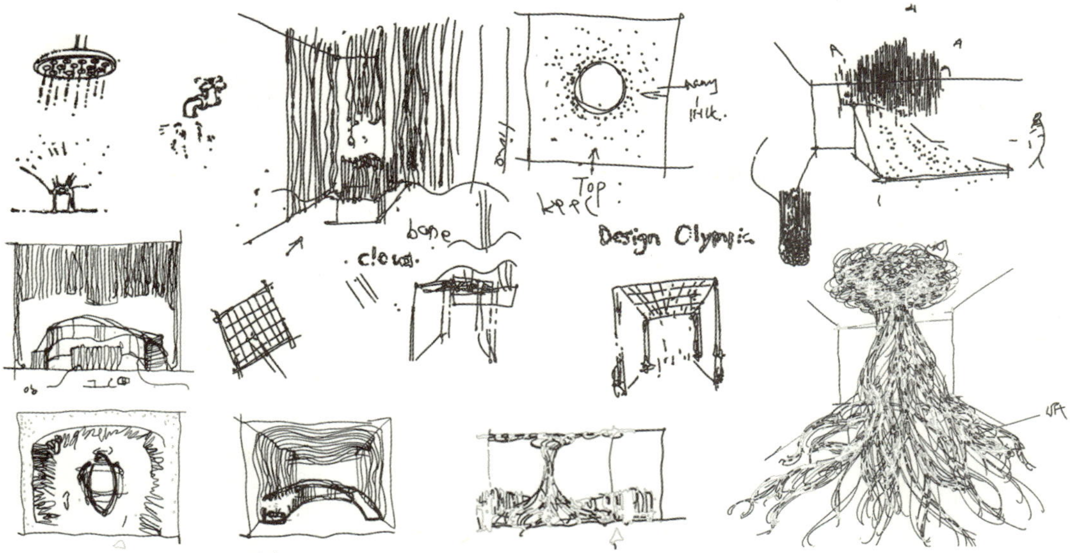

9月2日

一大早大家就在教室集合，进一步讨论昨天的设计方案。赵倩倩觉得还是选用单一的材料，而选用不同的手法去表现主题，会有统一性与一个作品的主体性更为突出。李倩的问题是如何将水滴的状态固化，使上部有水滴下落瞬间的状态，而下部是有石膏支撑的斜坡，模拟水滴下落撞击地面的跳感以及水顺势流下的形式。Kim倾向于选用透明的硅胶，做成连片的硅胶片海洋，观众可以伸手去触摸波动硅胶片，使硅胶片通过人的推力以及自身的弹力产生海洋般连绵波动的感觉。底部有装置的蓝色的LED灯，影射在硅胶片上方，在色彩上也形成海洋的感觉。同时又可以在硅胶片上面有些什么东西，可以使硅胶片在波动的时候，互相产生摩擦，从而形成水的声音。大家都认为这个主意不错，在老师的建议下，最终决定初步形式是崔敬宜同学所绘制的周围是透明硅胶形成的海浪形式，中间有道路可以行走，而行走的道路上面有悬挂透明珠子的方案。

午饭后大家又进行了新的讨论，继续深化上午的设计方案。我们决定在展厅的中部设置展台，上面是透明硅胶制成的海浪，人们可以对其施加推力，上部是透明细线垂钓有光泽感的珠子，形成水滴的瞬间固化。中间展台的周围形成一圈圈由密到疏的细线的垂吊，路径已经从本来的有变成了无，人们可以随意从任意的角度进入其中，拨开细线，进入到中间的展台处感受水，细线产生神秘感，似有若无地让人们感觉到中间有什么东西，这样可以吸引观众，引导人们进入其中。方案基本决定，我们赶紧分头工作，开始准备明天报告的PPT和作品需要的查询材料。

9月3日

今天，创作营的各个小组在搜狐演播厅汇报方案，我们小组第一个汇报，由赵倩倩同学代表大家发言，向在座的老师、赞助商和媒体汇报我们的初期成果。我们首先解释了题目——“WAVE·境”，“WAVE”意为波动，但译成中文之后又显得意味不足；“境”在英文里的意思也不能把我们的意象表达极致，因此就把两者结合起来，得到这个主题。“WAVE”有三种含义，一种是主题“水空间”将会表现出的现实形态，即波浪；另一种是观者看到展品时，在心理上可能所发生的微妙波动；还有一种是所设置的波浪板被观者触摸后，会产生物理上的形状变化。“WAVE”是模仿现实波浪的本真状态，是实的；“境”是人脑中对所见实物产生的反应，是虚的。而“水空间”本身就是一个即实即虚的物象，只有将二者结合起来，才能表达出我们的概念。水的特性是柔美的、缥缈的、

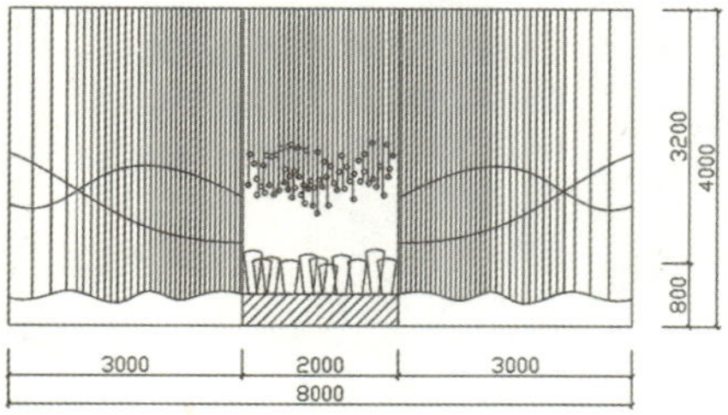

平静的、易变的、柔软的、包容性的、流动的、浪漫的……而这些状态又是不断变化的，我们选取最能代表水的状态的形式“WAVE”，通过人与装置的互动感受水给人的柔美缥缈等的意境。

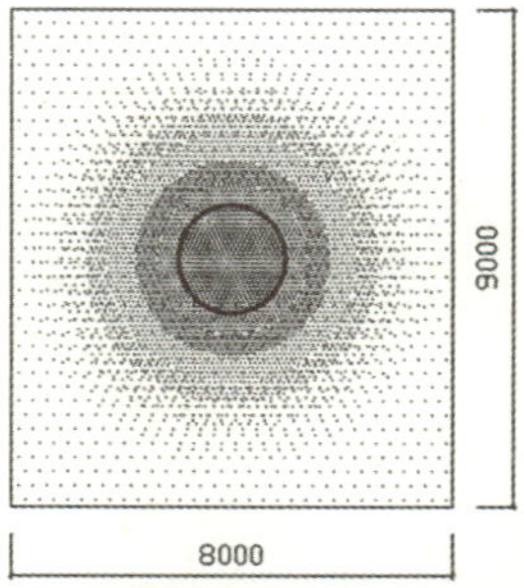

在设计方案中的每一个黑点代表着一根光导纤维，由外及内从疏到密的变化，中间区域发出的蓝光会吸引人们拨开眼前的纤维，走向中间的互动装置。中间互动装置的上方仿照水滴落的状态，听觉的效果用视觉来表现，展现了一种无声胜有声的意境。下面的互动装置是模仿人抚动麦浪的感觉，通过触觉与听觉的体验表现人的干预对事物表情的影响，同时通过一种固体的东西体现水的流动感的意境。

汇报结束后，老师们认为我们小组的想法非常好，用带有意境的材料来表现水，并采用动静结合的方式，给人耳目一新的感受，但同时也提醒我们考虑造价的问题以及检查方案的可实施性。于是，汇报后我们马上奔赴到金五星建材市场，寻找适合的材料。我们发现原本用来做垂线用的光纤维，由于造价太高，远超出预算，只好用普通塑胶绳替代。为了在规定时间内顺利完成任务，把绳子由原本的直径1毫米改为1厘米。最后，我们决定先买一部分材料，准备先做个小模型看看效果再说。由此，课题由概念阶段转为进入实体建造阶段。

2010年9月4～10日　创意制作

9月4日

上午，我们汇总了昨天建材市场的调研结果，将下垂的备选材料光纤维、透明塑料管和尼龙绳逐一分析。其中，光纤维是最理想的材料，但由于价格昂贵我们不得不放弃。透明塑料管单价不比光纤维便宜，但由于其有一定的粗度，数量可以大大减少，也是可以选用的，但是不知道其垂感是否能满足我们的要求。于是我们立刻将最经济的尼龙绳挂起来，但垂感也并不太理想。为了节约费用，我们又尝试着利用镜子的镜像，这样只做四分之一就可以，但30平方米镜子的价格基本上与我们想要节约的费用同等。

就在大家一筹莫展的时候，杨冬江老师到来了，并给了我们很好的建设性意见，那就是绳子的垂感可用乳胶加强，而方案尺寸的大小要去展厅实际感受，材料要实际操作进行尝试而不是空口讨论。

于是，我们又买了些透明塑料管、PVC软玻璃、乳胶等工具，并将材料拿到工房与师傅一同讨论加工问题。我们用机器做试验，发现PVC软玻璃材料比较软，用机器切割的效果并不理想，只能手工切割。正在这时，我们在工房发现了另外一种材料——PVC胶棒，它的大小、宽度都是我们想要找的，刹那间我们很兴奋，但是有一点不太理想的是它的韧性稍差，价格也稍贵。所以，我们打算两个都试验一下，看看哪种效果比较好。发现，同样的垂感效果，尼龙绳更为经济，就又试着在尼龙绳的表面刷一层乳胶，拉直，等待晾干效果。晚餐时大崔同学提出用半透明的气球加入水，手感也很好，于是决定明天试验时用PVC胶棒及软玻璃比较，进行材料的最终确定。

9月5日　　制作——朝花夕拾

今天一大早我们就聚在一起讨论各种材料的优缺点，最后一致决定采用光纤材料。然后，王彪去买挂在顶棚上的绳子.其余的人去木工房开始制作圆形的木板。

9月6日　制作二——水帘之梦

上午的工作比较单一，因为现有的绳子要过胶，需要一定的空间晾干。昨天找了很多板子铺垫都不够，又因为时间紧张，所以今天的工作主要是把绳子的问题解决。绳子买回来时是采用的扎捆的方式包装的，当我们把绳子拉出来的时候很容易导致绳子乱成一团，所以我们决定大家一起先把绳子团成团，这样裁剪和过胶的时候都会减少许多不必要的麻烦。

大家齐上阵先把绳子裁成3米长，这次裁得比较多，这样负责过胶和晾绳子的同学能更有效率。裁绳子的工作基本完成，一部分同学去教室商量研究光纤具体插的方法和间距等问题；另外一部分同学去木工房按照昨天打印好的图纸钻孔，并将钻好的密度板按照编号存放，为刷漆和穿绳作准备；还有一部分同学负责将绳子进行过胶及晾干等工作。研究光纤问题的几位同学把裁割好的底座拿到工房，因为决定把光纤插到泡沫板上，所以大家一起讨论用哪种材料覆盖在表面既保证光纤能够很好地插到底座中又能保证效果的美观。我们决定尝试用布覆盖在表面，遮挡泡沫板。但选择哪种布又成了一个问题。

晚上大家一起去清华大学照澜院布料店选择布料，最后挑选了两种布料，等待明天看看效果怎么样再作决定。

9月7日　制作三——营造白色世界

上午我们在清华美院A楼多功能厅集合。在这里开始新的一天——营造我们的白色世界。今天的工作计划是先将现有的及所需要的白线全部整理、裁剪、浸泡、抻直、晾好；再将剩下的三块板材打眼，并把制作所需的八块板材，刷白色乳胶漆两遍；最后剪20毫米的部分光纤和编排展板。

三位老师非常关心工作进展，总在最需要的时候帮我们出谋划策。这一天，我们在纯粹的白色世界中度过。值得高兴的是，我们顺利完成了工作计划，但作品尚未完成，我们仍要有接受挑战的准备。

9月8日　制作四——满天星孔

早上来到多功能厅，绳子全部晾干，制作工作又进了一大步。接下来我们又分成三组：两位同学排图，一位画线，其余的都留下来穿绳子。到中午的时候，绳子已经穿完，排版也取得了很大的进展，不锈钢PVC上的线也已经画完。

在为不锈钢PVC钻孔的时候，我们遇到了麻烦，木工房只有一个钻头，还得不停地更换电池。PVC表面极其光滑，要想保证质量，就必须放慢速度。3个小时过去了，我们只钻了200多个孔，总共需要2800多个孔，面对这样的效率，大家都很着急。不过快五点的时候，师傅给我们更换了一台稍大的机器，这样速度就加快了很多。另外，2800多个孔，每根光纤20厘米长，要想达到效果，总共2700米的光纤是不够的，如果我们再买一捆的话，就要面对超出预算的可能。最后，只有请三雄极光照明的赵老师帮忙了，但是他们没有LED，我们希望能用他们蓝色的日光灯管来代替蓝色LED，希望这个计划能达到好的效果。快六点的时候，电脑面临着崩机，好不容易排的图，怎么也打不开了，排图的同学很无奈地只好重新来一次，还好我们还有一天的时间来完成它。

一天之内就发生了如此多的事情，我们的心情也跟着起起落落，人生还真是精彩！期待明天的成果……

9月9日 制作五——胜利在望

眼看胜利在望，今天大家的干劲都特别足。我们一边抓紧时间打孔，一边将光纤插在泡沫塑料上，再用胶水将其与钢板连接。时间紧迫，虽然有2800多个孔需要穿上光纤，但是我们仍然小心翼翼地，一点也不敢马虎，都希望能够将作品完美地呈现给大家。

9月10日 制作六——最终完成

今天上午务必要完成在直径1.2米的镜面防火板上打2800多个孔的任务，而我们只有一个可以打孔的机器，非常麻烦，但队员们都毫无怨言地互相配合，到中午时终于完成了打孔任务。

午饭后，开始插光纤的工作，只听着轻音乐，没有太多话语，每个人都全神贯注地插着光纤。大概五个小时后，光纤插完了，我们用绳子把底架的四周围起来，并用大头针固定好。

2010年9月11～12日　布展

9月11日 制作七——表情魅力

在工房辅导老师的带领下，我们终于开始了布展的工作……

先是顶部安装，将八块安装好尼龙线的密度板拼合挂在屋顶，用钢丝分别将每一块密度板挂到屋顶龙骨架上，整理好尼龙线。我们最大一部分的装置终于完成。然后是灯光处理，中间悬挂着的灯管需要临时打孔安置电线，之后要将电线从密度板上面穿过布好。灯管下面是我们组另一个重要的部分，群众与水的互动。我们希望有更多的人可以去抚动光点斑斓、此起彼伏的光纤，让人有波浪的触感、水蓝的视感。感知水空间的表情，因触摸而精彩。

互动装置终于完成了，它的主体是一个圆形的装置，桌面由三层不同材质的圆组成。第一层插置光纤，第二层放置灯具让光纤导光，第三层是一个承重圆盘，底下有一个方形盒子，可以将灯的线都藏在盒子里面。最后我们将圆形装置固定，然后打开灯，整个互动部分呈现在你的眼前。

通过和大家两周的讨论与相处，我们之间建立了深厚的友谊及默契，锻炼了我们与全国各地同学交流的能力、面对问题的能力和解决问题的能力。整个作品完成以后，我们希望大家能走到作品中间去。以探究的心态，在缥缈中、波浪上，拨开“水帘”，触摸光纤，感受已不再是装置的水空间，感受已不再属于人类的表情。

9月12日 WAVE境——我心波动

今天是最开心的一天，我们的作品最终呈现在人们眼前，分别从视觉、听觉、触觉三方面，带给人们水之温柔、水之静谧、水之梦幻。

其他小组成员说：“你们的作品很有意境。”我们想说：“这正是我们想要的。”梁建国老师说：“做得很好，如果以后用到你们的作品创意，我要写上你们的名字。”我想说：“您的鼓励让我们更加有自信。”

当有人拨开水帘，抚摸光纤的那一刻，才是最美的瞬间，才能真正体现出我们作品的意义，身处水空间之中，感受水的表情。

当作品得到大家的肯定与喜爱的时候，我们很开心。

下午四点左右，展览开幕之际，所有人都很兴奋，有互相在各自衣服上签名留言的，有互相留影纪念的，有开心畅谈的……真是一片“混乱”的场景啊！我想，这是在释放。大家在一起相处了那么多天，从初步方案到方案形成，再到制作过程，其中，有外部困难，也有内部争议，但是我想说，我们始终是在一起的，不管我们遇到什么样的困难，我们都可以克服，因为我们不仅是合作伙伴，更是难得的朋友！

今天，同样是难过的一天，因为聚会过后，大家就会分离。何俊霞要回到上海，我要回天津，Kim Hye Mi和Lee Ye Seul要回韩国。当我离开，说再见的时候，Lee Ye Seul哭了，Kim Hye Mi也含着泪水。此时，我的心里是怎么的波动啊，你可知道？

作品名称：

WAVE · 境

作品概述：

“WAVE · 境”试图表达三种意境。首先，是水的现实形态；其次，是参观者在心理上可能发生的微妙波动；第三，是光纤被参观者触摸后可能会产生的物理上的形状变化。

通过由疏及密的尼龙绳把参观者带进水的缥缈柔情之中，用发光的光纤传递水灵动、梦幻的意境；用强烈的灯光表现水的力量；让观者在多方位的感官接触中体会水的表情变化。拨开 “水帘”，触摸光纤，感受已不再是装置的水空间，感受已不再属于人类的表情。

木板材小组

木板材小组

带队教师：
李朝阳　　李存东　　谢明洋

创作营营员：
王羽——中央美术学院
倪江涛——上海大学美术学院
孟晓静——清华大学美术学院
Kim Yoon Young——韩国淑明女子大学
张黎——中央美术学院
杨滨林——中央美术学院
曾乐——清华大学美术学院
杨冰——中央美术学院
荆潇潇——清华大学美术学院
周澍——天津美术学院
Lee Song Eun——韩国暻园大学

合作企业：
巴洛克木业（中山）有限公司

创作笔记

2010年8月31日～9月1日　　参观调研

8月31日　开营第一天

今天由各个小组的指导老师和材料企业代表为我们介绍设计和材料，一天听课下来大家都有些眩晕，但精彩的内容还是对我们大有启发。

上午，指导老师们的讲座内容重点是从设计思路上进行启发。我总结下来主要是“如何充分发挥材料的优点与性能，用较为简单的构造方式，打开思路，创造出意想不到的最终效果”。这就要求我们需要全面了解自己所用材料的样式、色彩、特点等方面，对本次主题“表情”进行深化与发挥。

下午，企业代表的讲座弥补了我们对材料认识度的欠缺，各个小组都对各自所用的材料有了一定的了解，并在会后与材料企业代表进行交流。同时，我们小组明天会有机会参观生活家木地板的展厅，相信大家一定可以在9月3日的方案汇报会上拿出出色的概念。

9月1日　方案讨论

今天上午我们去生活家·巴洛克地板公司驻北京办事处的展厅参观。大约一个小时的大巴路程并没有削减我们心中的喜悦。在工作人员的引导下，开始了地板世界之旅。

巴洛克式的装修风格里透着淡淡的高雅和奢华，每一款产品都精心地布置其中，艺术品的陈列也恰到好处，这更提升了整个空间的品位。我们陶醉其中，享受着这种浪漫与温馨。大致参观后，生活家的刑经理向我们介绍了产品的分类及各个品种的特点以及制作过程。同时我们还了解了一些踢脚线等辅料，其丰富的种类令我们惊叹不已。最后，队员们向其请教了一些技术、工艺等问题。

丰盛的午餐后，我们谢别工作人员，回到学校。下午，我们结合对材料的认识各自整理思路，然后分组讨论。老师对我们的方案提出了些意见和建议，并让我们开阔思路，从深层次去挖掘木板材的本质特征，争取用简练的手法达到言尽而意未穷的效果。最终，我们找到了一个统一的方向，发散思维，期待明天会有更棒的创意出现。

2010年9月2～3日　概念研讨

9月2日　方案深化阶段

今天我们讨论了一天的设计方案，大家踊跃发言，争论得很激烈。晚上回到宿舍又抓紧时间制作PPT，一直忙到清晨才睡，真是既忙碌又充实呀。

9月3日　概念提交后的深度讨论

上午十点我们到搜狐演播厅参加“创意材料营”方案提交的网络直播，各组依次提交方案并现场讲解。下午回到清华美院继续深化方案，组员们讨论的重点是：如何在节省材料的前提下使结构得到优化。最后初步得到了两种可行的解决方式。

2010年9月4～10日　创意制作

9月4日　深度讨论后选择材料

上午大家聚集在一起研究方案的调整问题，由于木板材的特殊性我们必须细心地模拟出木板材的搭接方式，以便在制作的时候方便快捷并且具有牢固性。其实细细想来，还有着许多未完善的细节并未予以考虑。设计本来就是不断地解决问题的过程，随着讨论的深化，我们从木材的固定方式、组合方式和固定节点等方面进行了多角度的论证，使方案有了进一步的可实施性。

下午搬运木材，当从小货车将木地板往下运时才发现材料真的不少，每块板足足有2.4米长，一打一打地叠放在一起。一开始用拖车运，发现一车只能装两打，还不如直接用人力搬运，搬了一个小时才将所有的木地板搬运到地下一层的工房，但效率还是挺高的，还是人多力量大啊！由于好奇还是把木地板抽出来审视了一下，据说一打得要五六百元呢，生活家真大方。既然木地板已经运到了，那就万事俱备只欠干活了。但今天时间也不早了，再加上我们搬运木地板也消耗了很大的体力，思想上已经有了一定的罢工基础，因此决定明天开始步入真正的工作进程。但是小组中也有继续坚持的同学，他们打算晚上去木工房试验一下木地板的打孔过程和研究打孔的具体位置。明天的工作进程我相信会更加的迅速！

9月5日　忙并快乐着

今天我们上午去建材市场定制镜子和盒子。下午我们又把长2.4米的地板成直角状钉在一起，虽然一个下午只钉了39块木板，很忙也很疲惫，但我们都很快乐。

9月6日　进入中期阶段

今天我们分工合作，开始准备第二个方案的单体和展览时需要的展板，并在实践过程中进一步发现问题、解决问题，直到完善方案。在整理展板相关材料的过程中，我们每一个人都谈了自己对于方案和整个设计过程的感受，开始感觉到我们正在从慌乱无头绪中走出，也许还会遇到新的问题。但是，大家在一起，我感觉总可以尽力解决，力求尽到我们最大的努力。

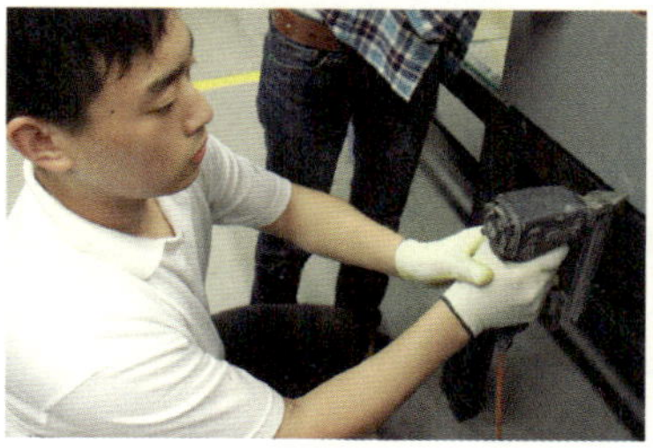

最后想谈一下对于木地板这种材料的应用拓展，小组最后选择的是多层复合实木地板，一面为木材纹理，一面为灰色的辅材，我们通过多种搭接方式，力求充分体现材质原有的肌理及物理性质，即木材的受力支撑特性。希望我们之后进展得更加顺利！

9月7日　正在涅槃

上午十点半我们又开始了一天的工作。先去建材市场跟包工商协调价格，其实，他们的价格不算很高，只是我们的预算实在是很紧，能省点最好了。我们兵分两组，一组做模型，一组做图。大家一起努力干活的感觉真的很好。

看到我们的劳动成果，真的是让人心神振奋，感谢大家的辛勤劳动！

9月8日　生长

今天，我们还是集中在清华美院地下木工房，排版的同学在各自的住处通过互联网的交流工作着。我们组的韩国留学生特别卖力，她们在平面上的特长被发掘和利用，在此为她们的辛勤付出表示诚挚的谢意。

在木工房的小组成员已经练就了熟练的流水线机械化生产的本领，他们已经从一群什么都不懂的“小菜鸟”成为了一个拥有熟练木工、搬运工、分拣工和摄影师的专业化团队。搭建试验还在继续，我们的目标是：不成功，则成仁！

9月9日　遇到问题与解决问题

上午我们开始做作品的顶部构件。顶部因为遇到很多问题，我们不得不放慢进度，开始调整。作品的顶部由原本的一个整体部件，分成了四个不同的部分。因为重量太大，我们只能以两个人能够抬着走的重量为单位。

经过了这么多天的快餐生活，伙伴们决定今天去吃点好吃的，改善一下生活。繁重的体力劳动已经让我们不再那么挑食。沉重的做工负担也让全部人员都发挥出了自己的力量。特别是两位韩国留学生，已经做出了令我们刮目相看的成果。

我们在木工房里面忙活了一天，耐心解决遇到的各种问题。明天又将是新的一天！

9月10日　哇！Wood！

通过五天的搭建，每一天都像看着自己的孩子一点一点地成长起来，心里的喜悦无法用语言完全表达。不过在整个搭建过程中，最让我们兴奋的是随着时间的推移，项目的不断深化，我们组员之间也逐渐建立起了默契。小组的伙伴们大多都属于慢热型，在我们终于找到默契的感觉的时候，这次的材料营已经要结束了。

真的是很不舍，我们快乐劳动的日子就这么快结束了。感谢大家的付出、支持与帮助，有你们，真好！

2010年9月11～12日　布展

9月11日　　奋斗的一天

早上八点，我们接着奋斗昨日未完的工程。我们把已经成组的单元体从地下一层搬到地上一层展厅，平均每人往返十余次，壮劳力往返次数更多。木地板的沉重已经不止是体现在它们的价格上，而是实实在在地压在我们的肩上。

上午，我们定制的镜面和木箱也到了展厅，这还需要进行最后的拼接工作。谢老师的三位学生也来帮助我们进行搭建、贴镜子。对于我们这么一个缺少壮劳力的组，实在是帮了很大的忙，在此表示感谢。经过一个下午和半个晚上的努力，我们的屋顶终于搭盖成功，效果和预想的几乎一致。

三雄激光为我们提供了照明射灯，作品已初步完成灯具的安装。大家身心俱疲，祝大家睡个好觉！

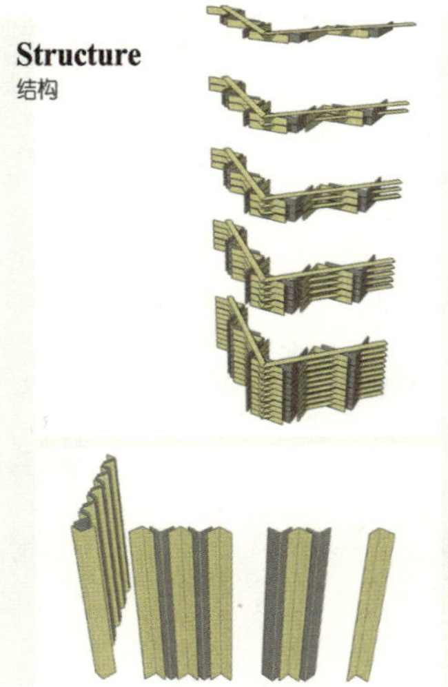

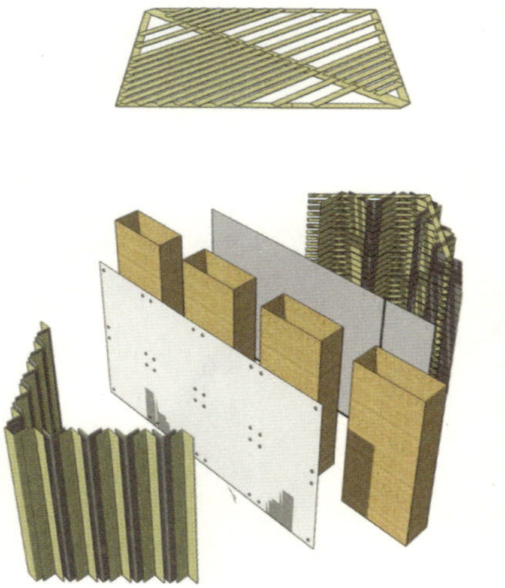

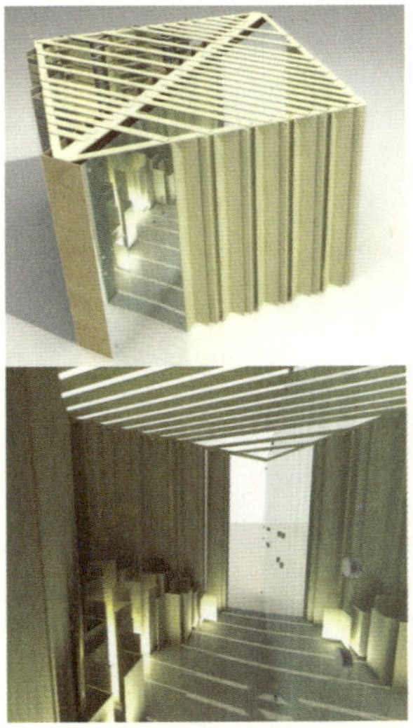

9月12日　结束语亦或是前言

今天是真正的最后一天，上午九点半到达清华美院，开始一天的工作。我们开始学习安装射灯。虽然进度暂时放缓，不过在电工师傅的配合以及大家的不断努力下射灯终于接通了。光的确是建筑的灵魂，有了光的照射，我们的作品呈现出了几乎和我们的3D渲染图一样的视觉效果。

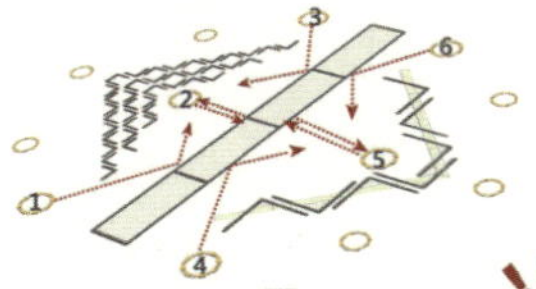

我们的作品互动性很强，许多同学都在里面玩起了视觉游戏，老师们也受到感染，加入进来。

我们的作品名字叫“聚”，有点相逢何必曾相识的味道。

我们的木材，原本是一体，经历了偶然的变迁，变成了一片片的木板，

我们的人们，原本是在一处，经历了历史沧桑的变化，分散在了各处，

你说你的语言，

我讲我的话。

我们，因为这个材料营聚集在一起，重新成为一个整体，

我们的思想，也被整理在了一起。

因为这个偶然的机会，木材重新聚合在一起，

经过我们的排列，整理，获得了一个整体的形象得以向大家展示，成为了我们的作品。

在今天，完成了作品的我们，又重新奔赴了各自来时的方向，继续我们的生活。

在以后不久的某一天，完成了历史使命的木板材，又将重新回到各自破碎的状态。

容易伤感的我，没躲得过伤离别。
倪走的时候，我们抬手相送。
澍走的时候，我们握手相送。
离开Lee和Kim的时候，我们拥抱相送，止了好久的泪水终于没能忍住。
我们走的时候，静和潇骑车相送。
在出租车上，看着向后奔驰的房屋，泪水再一次涌出。
潇潇说：“有聚就有别啊。”
我说：“早知道不该起这个名字了。”
潇潇说：“至少我们互相认识了。”
我说：“嗯，是。”

徐志摩以前还为我们写了首诗：
我是天空里的一片云，
偶尔投影在你的波心——
你不必惊异，
更无须欢喜——
在转瞬间消灭了踪影。
你我相逢在黑夜的海上，
你有你的，
我有我的，
方向；
你记得也好，
最好你忘掉，
在这交会时互放的光亮。

想念我的朋友们，想念与你们一起度过的这12天；
感谢我的朋友们，感谢与你们一起奋斗的这12天。
我知道来日方长，愿以后的日子里，还能与你们相遇在地球一角。
我是组长，祝大家都能有个好前程！

作品名称:

解 · 构

作品概述:

作品以复合强化木地板作为基础材料，根据其自身可承重的特点，研究多种类型的搭接方式并构成空间。希望能够以多维度的视角充分认识材料的特性，通过多种手段淋漓尽致地表达材料的情感、肌理以及物理性质。

观众可通过预留的入口进入由木地板搭建的空间内，木地板的纯粹性可以增强人对此种材料的感受。空间内部的镜子是为通过镜像作用使所构成的空间更加完整。不同的搭接方式使原本平铺在地面上的木地板成为墙体，甚至屋顶，改变了人对木地板的固有认识。

光与造型小组

光与造型小组

带队教师：
杨宇　管沄嘉　刘孜

创作营营员：
禄龙——中央美术学院
钱颖——上海大学美术学院
王子鹏——天津美术学院
Jun Seihwan——韩国暻园大学
刘轶——清华大学美术学院
郝丽运——中央美术学院
Jung Yujin——韩国首尔产业大学
杨凡——上海大学美术学院
王璐——天津美术学院
吴限——中央美术学院

合作企业：
广东东松三雄电器有限公司
杜邦中国集团有限公司

创作笔记

2010年8月31日～9月1日　参观调研

8月31日　开营第一天

随着九点过后的正午阳光，宽敞的教室，为设计而着迷的人们相聚在一起。上午老师们的讲座丰富多彩，比如通过城市的性格与古典的日式风格，仿佛可以透过细腻的灰调感受一个时代朦胧的暧昧表情；比如通过不同的案例在解构材质的选择之间突出现代设计之中对于公众参与性的渴求；我们像书架上放错位置的山水画一般，带着过去的印记却彼此改变观看方式；当透过葡萄酒看上海的时候，就会发现品味表情时不仅仅是一味绮丽的绛紫色；比如变成建筑日记的摄影过程；比如横滨工业化土地之上的柔韧与朴实……精神与形式的秩序，感性与理性，逻辑与关联，表情这一主题在反复的设计交流中跃然纸上，“砖爱拱券”路易斯·康悠悠然地说道。

中午的饭，简单而充实。在短暂地补充之后，各组进行了针对性的主题讨论，我们组也在进行着，如大学城的气氛一般，安之若素，井然有序。温润的灯光下，好像我们也追随着莫里斯、马金托什、罗维一样的大师们，汇入时代的剪影之中。

下午的会议轻松而愉快，赞助材料企业代表先后为我们介绍了板材、光、GRG、地毯等充盈的材质，许多技术使人叹为观止。还是温润的柔和灯光，透过相互交流的人们的轮廓，华彩落幕，不知不觉中度过了开营后的第一天。

9月1日 方案讨论

小组今天的行程安排去两个赞助商的工厂参观，以便深入地了解所使用材料的性质以及如何进行加工等细节问题。

早上八点半，我们在清华美院门口集合，一起出发去杜邦公司考察最新材料——可丽耐。车行一个多小时，到达第一个目的地——杜邦公司的工厂。在车间里，第一次看到了可丽耐这种新型材料的真面目，杨老师嘱咐我们要认真地观察、认识材料。

但是，这也深深地“震撼”到了我们。因为传说中的这种人造板石实在是非常的厚。因此，我们对它的透光性产生了疑问，这个板厚达12毫米，一般的光源能透过去么？经过工作人员的介绍，我们了解到浅色一点的板子应该是能够透光的，并且厂商能够提供6毫米厚的板材，这就增加了材料的灵活性。在材料的加工和粘连的工作车间，厂长亲自向我们介绍这种材料能够灵活地切割和进行弯曲，也能实现小角度的无缝拼接。

我们的第二站是三雄极光照明公司。展厅的工作人员在向我们介绍主要产品之后，告诉了我们赞助的指定灯具，其中包括泛光光源和点光源，也就是日光灯管和射灯。

下午回到学校，组员们开始认真地思考。方案的过程并不是那么顺利，可能是因为上午看过材料的原因，大家的思路都局限在材料本身的各种性质和如何利用上。但是，来自韩国的两位学生却是从设计的概念入手，突出了“表情”这一主题，双方都得到了很好的交流和启发。

晚上七点，两位老师来验收成果。大家都把自己的方案和想法在黑板上进行演示和讲解。刘老师看到大家有很多的想法非常的高兴，但是更加认同的是那种能够用自己的情感来打动观者的方案。杨老师的总结点评并没有表扬或是否定，更多的是启迪我们如何用材料的独一无二性来表现出独特的作品。

总之，组员们今天在进程上迈出了一大步，涌现了很多有价值的想法和灵感，希望明天我们继续加油。

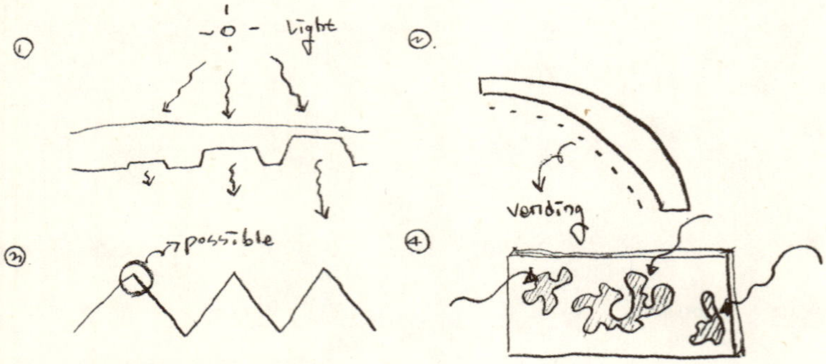

9月2日 方案深化阶段

经过昨天一天的思想风暴，组员们都有了很多的概念和想法，但是没有一个确定的方向。这往往会使整个团队的思路进入一个瓶颈，我们也渐渐意识到了这些问题。因此，我们在组长的带领下开始整理每个组员的思路，从思想、材料的特性、可行性以及最终可能形成的效果作出筛选和改进。

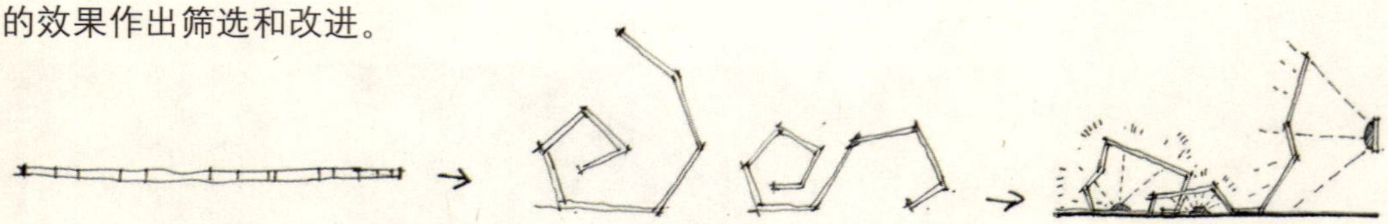

就在这个时候，我们想到表情其实就是一种状态。在丰富的大自然里其实存在了许许多多的表情，生物从生到死亡消失有很多种状态，即有很多种表情。我们希望通过如同年轮般的形体，利用板的透光性产生叠影的感觉，随机地产生很多的光影，让观者体会自然界最纯净、最漫无边界的表情。在可拆卸方面，外形可以随意地叠加，没有定数。另外，这个方案正好契合了可丽耐材料的加工特性，大家初步达成了共识。但是，还有个艰巨的任务就是其中的纹样的设计，我们又陷入了思索。

下午，刘老师和杨老师前来对我们的方案进行点名指导。面对我们这个“宏大”的主题，杨老师觉得主题不是特别的贴切，似乎有点牵强，因为作品被强加了太多的意义。刘老师也觉得，作品最宝贵的地方应该在于它是我们的作品，就应该有我们真实的思想和感情。杨老师最后对我们的想法提出了意见，既然我们在做一种新的材料、又要表现表情，就应当纯粹地来表达材料的表情，赋予材料人格化。

这样一来，突然有了一个新的方向。组员们开始分方向找方案，找到最佳的光影效果。有的组员用电脑建模，有的组员手绘效果图，有的组员整理思路开始做演示文件。在建模的过程中，我们对总的形体反复地推敲，反复地修改方案。

大家一起努力到很晚，终于完成了作品的创意文稿，期待我们小组明天出色的表现。

9月3日 概念汇报

今天上午我们到搜狐演播厅参加“创意材料营”方案提交的网络直播，向各位老师和同学仔细讲解了我们小组的初步设想。

从搜狐回来后我们马上聚在一起，开始研究有关材料的问题，大家都认为木制材料最适合我们的方案，于是，我们又与各位老师和材料商讨论具体的实施细节，并开始分头绘制草图和施工方案。

2010年9月4～10日　创意制作

9月4日 模型制作

经过昨天方案的确定和发布，今天每个小组都进入了方案的深入和实施阶段。我们小组已经有了一个完整的概念，接下来要做的就是怎样实现我们所要的光影效果和整体造型。组长利用自己的休息时间梳理了所有组员的创意，希望我们在圆柱形的基础上进行发展，形成几个有机的整体。最终，小组成员们确定由两个套筒形衍生出交错和展开的形式，但是

依然不改变原来双表皮形成光影的原理。

组长要求我们把自己的想法用卡纸或是PVC做出来，在制作的过程中精心地推敲整个形体。过了一段时间，韩国学生在黑卡和白卡上刻出不规则大小和排列的几何形，然后非常神奇地拿出了准备的手电筒，这样我们就可以模拟真实的光影了。令人意想不到的是黑白相叠形成的光影效果非常好，这下鼓舞了整个小组的信心。

接下来，我们分成几个小组，分别向前面提到的三个方向发展。但是大家往往总是想把事情做得完美，所以确定各自方案的时候开始犹豫不决，想到一个，又会很快地否定自己。管老师来了，可我们一点进展都没有，连一向稳重的组长都有点着急了。

管老师的建议总是具有指导意义的，他向我们提出了很多开拓思路的想法，让我们不要把做的东西像是带着托一样，最终要的是纯粹，自由，不要让人觉得很刻意。在老师的指导下，我们各个小组分别确定了自己的方案，剩下的是精确作品的尺寸等，因为还要发给我们的赞助商看看加工的可能性。

9月5日　建材市场调研

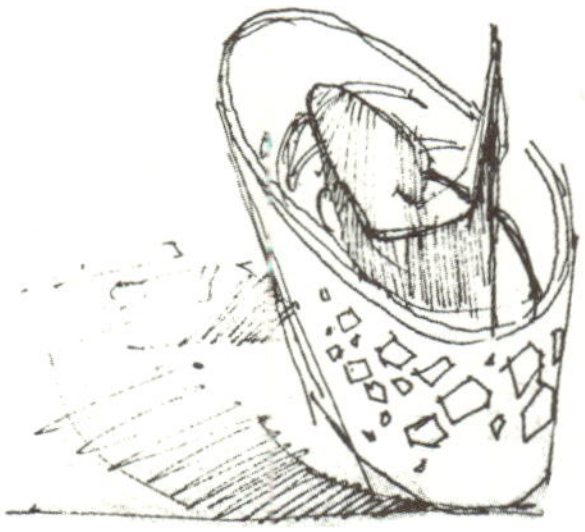

随着方案的逐步确定，每个小组都进入了紧张的制作阶段。经过昨晚我们小组对每个方案的仔细研究，今天把施工图纸给工厂审阅，并等待确定方案的可实施性。接着小组进行了明确分工——部分同学开始进行最终展板材料的收集和版式设计，确定每个展品的具体尺寸，等着明天和材料厂商的具体讨论。

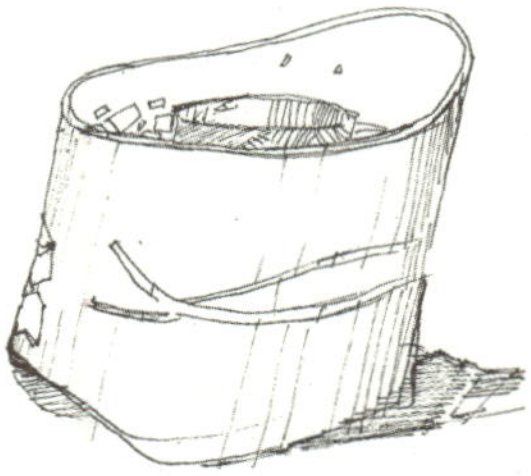

中午，四个同学顶着烈日去了金五星建材市场对材料进行调研，我们想用旋转电机带动探灯十分缓慢地旋转，这样作品可以达到凸显的效果。但是，市场上没有这种型号，经过与老板的研究与商讨，最终决定使用小型排风扇的发动机，对其进行拆装，再进行内部的造型改造，初步效果还是比较令人满意的。

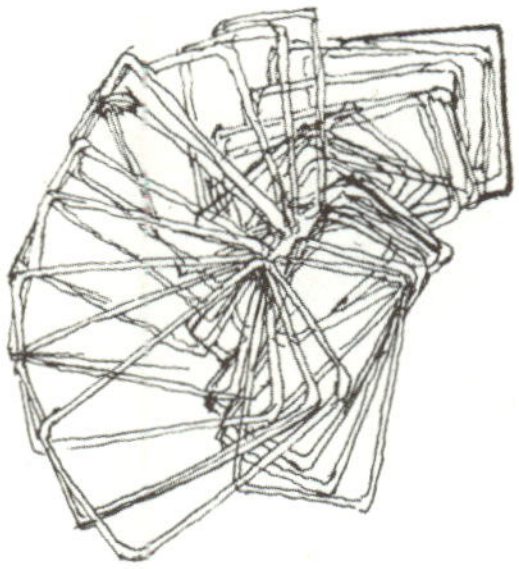

材料创作营已经过了一半的时间，依然紧锣密鼓地进行着。小组的伙伴们被前段时间的方案折腾得有些疲惫，由于材料的特殊性，我们每天都在研究作品的可实施性。但是，我们这个团队没有失去欢声笑语，大家同心协力，以愉悦的心情享受着这次材料的创作。请大家一起期待我们的作品吧！

9月6日　材料替换

离最后的作品截止时间越来越近了，生产厂商给出了答复，没有时间将三个作品在规定时间内制作出来，只能将造型简单的折线方案加工出来，所以我们又面临两个作品材料的选择问题，又一次陷入了沉思。

通过明确的分工，三个作品由组内三组成员分别完善，外国朋友的方案在实施性上工艺比较复杂，时间紧迫，我们只能以材料替换来制作。目前确定替代材料为宣纸，符合白色透光、易选购易加工的特性，并用钢丝网做龙骨；而旋转的框架方案面临同样的加工问题，小组决定利用凉席竹编，以钢管为龙骨的框架结构，层层叠加，使效果更加具有丰富性。

时间，材料，效果！这是目前小组每个成员都发愁的问题，希望替代的材料能产生意外的效果吧！

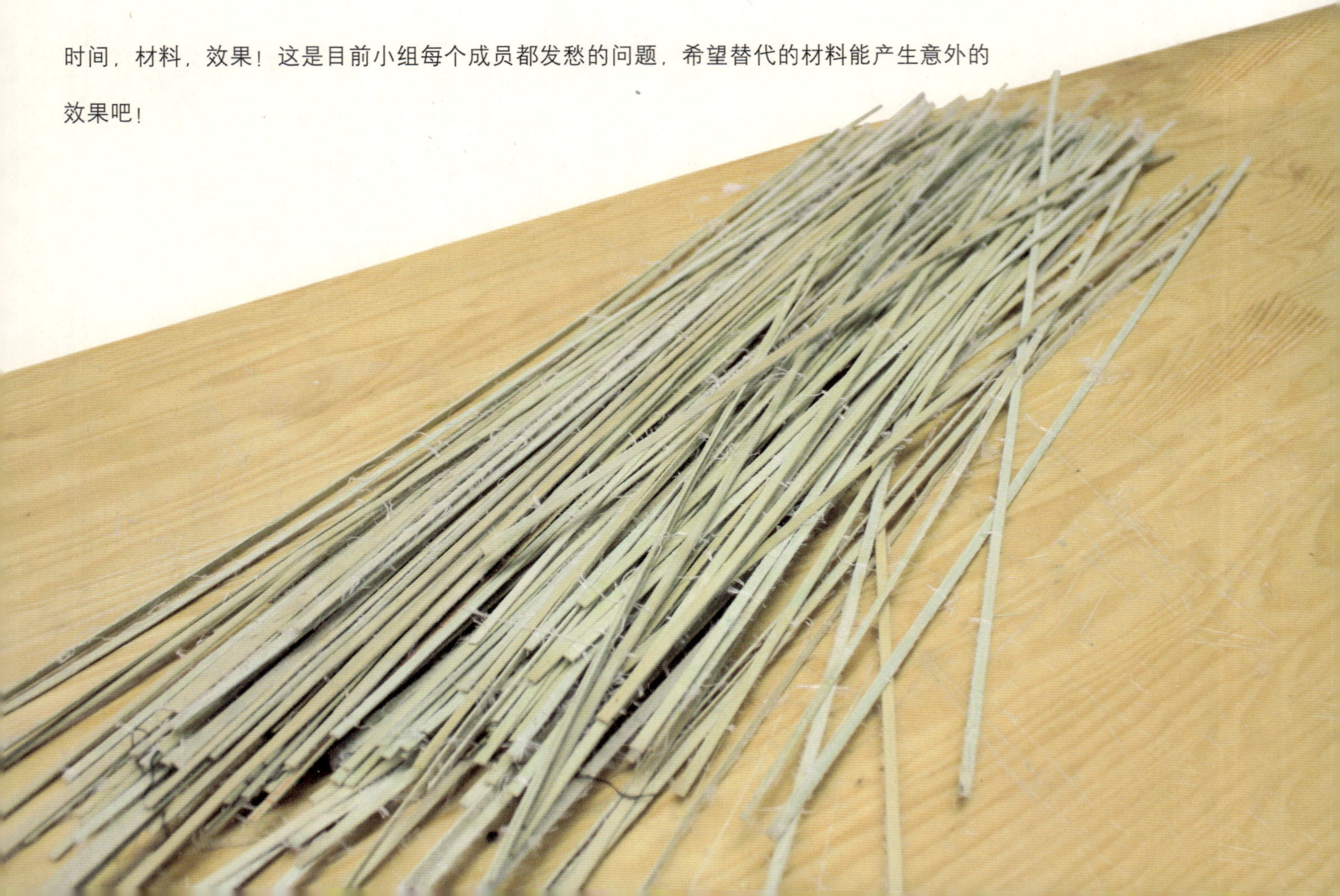

9月7日　作品制作，困难重重

今天由于各方面原因，团队的战场转移到央美的室内班工作室。除了能在工厂加工的折线作品，其他两个作品在材料方面都出现了问题，这让我们十分纠结，老师给出的建议与意见也让我们小组陷入困惑的深渊……

今天的进展就是厂商开始用杜邦可丽耐进行作品的制作，其他的作品制作材料都被杨老师给间接地否定了。昨天的工作又化为“灰烬”，经过几次往返建材市场，对各种相似材料的试验，一次次的失败尝试，与外国朋友进行了一下午的探讨，到晚上才确定了最后代替可丽耐的材料——PVC板，它的材质、透光效果能达到我们的预期。

另一方面，展板也在紧锣密鼓地制作着。文字材料，分析图，照片收集，整体排版……小组每个成员都绷着心在各司其职，创作营已经进入收工倒计时，我们小组的作品进度却很让人揪心。

又是疲惫的一天，透过出租车车窗，一路欣赏着北京迷人的夜景，带着一身的倦意回到了清华。然而央美的同学却还要继续进行作品装置的制作，希望我们小组的努力没有白费，大家的辛苦与汗水换来的是最后成功的喜悦。

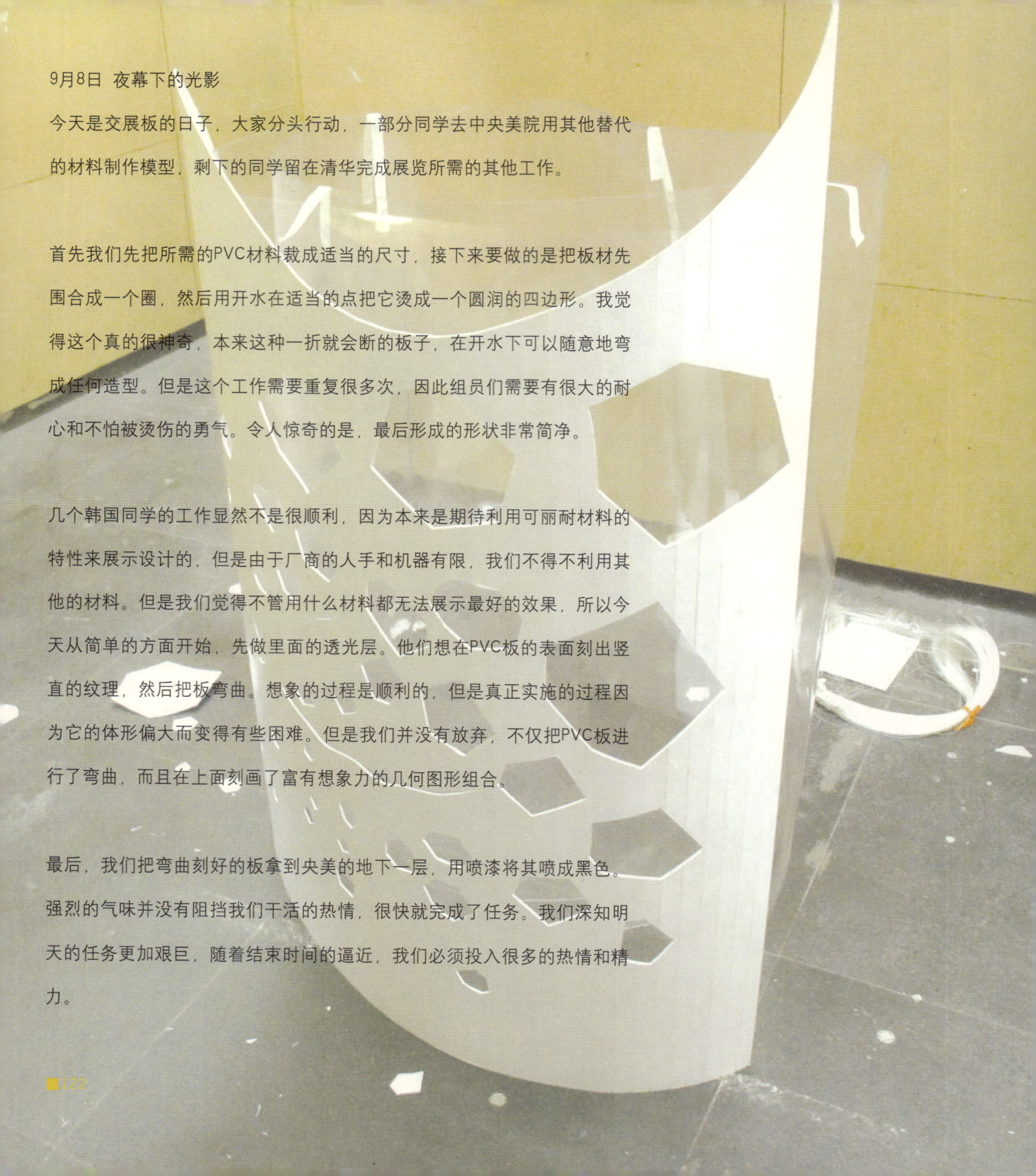

9月8日 夜幕下的光影

今天是交展板的日子，大家分头行动，一部分同学去中央美院用其他替代的材料制作模型，剩下的同学留在清华完成展览所需的其他工作。

首先我们先把所需的PVC材料裁成适当的尺寸，接下来要做的是把板材先围合成一个圈，然后用开水在适当的点把它烫成一个圆润的四边形。我觉得这个真的很神奇，本来这种一折就会断的板子，在开水下可以随意地弯成任何造型。但是这个工作需要重复很多次，因此组员们需要有很大的耐心和不怕被烫伤的勇气。令人惊奇的是，最后形成的形状非常简净。

几个韩国同学的工作显然不是很顺利，因为本来是期待利用可丽耐材料的特性来展示设计的，但是由于厂商的人手和机器有限，我们不得不利用其他的材料。但是我们觉得不管用什么材料都无法展示最好的效果，所以今天从简单的方面开始，先做里面的透光层。他们想在PVC板的表面刻出竖直的纹理，然后把板弯曲。想象的过程是顺利的，但是真正实施的过程因为它的体形偏大而变得有些困难。但是我们并没有放弃，不仅把PVC板进行了弯曲，而且在上面刻画了富有想象力的几何图形组合。

最后，我们把弯曲刻好的板拿到央美的地下一层，用喷漆将其喷成黑色。强烈的气味并没有阻挡我们干活的热情，很快就完成了任务。我们深知明天的任务更加艰巨，随着结束时间的逼近，我们必须投入很多的热情和精力。

9月9日　制作完善

今天我们的队伍从中央美院又转战到清华美院。一大清早，两个作品分别被拆卸运回清华，主要任务就是将我们的进度推进一步。现在，就等着三雄照明的灯具。这时，另外一组作品面临大量的喷漆任务，其中四个同学全副武装，在户外戴着口罩疯狂地喷漆，还好天公作美，时隐时现的风将漆很快吹干。

另一方面，卷筒造型的方案也在同步进行着。我们将透明塑料卷成筒形，并用结实的渔线将其固定，这可不是个简单的活儿，我们尝试了各种姿势，将筒形按各种方式摆放，尝试了各种绑线的方法，用尽九牛二虎之力，才将这个透明塑料的筒形成功地树立了起来。至此，我们把进度推进了一大步，每个组员都憋足了劲，等待着最终的效果。

9月10日　　曙光即将到来

经过一天高效率的工作和一个通宵的奋斗，我们已经基本完成了小组的两个作品。在工厂加工的作品也已成型，大家也开始看到胜利的曙光。

虽然大致的模型都已经做好，但是要知道我们是光与造型小组。光是我们这个组展品的灵魂，是表达我们设计关键的依托。因此，接下来的工作是将已经做好的展品与光进行结合，达到更好的光影效果，这才是至关重要的。

首先是韩国学生的方案，它需要的是一个展台和一个能够旋转照射的光源。展台和旋转光源都必须自己定做。但是，在实际的制作过程中，我们还是遇到了很多的问题。比如，使用怎样的光源，旋转的过程中怎样处理电线等，这都是需要解决的问题。这个时候，组长神奇般地拿出了几个组员一起制作的装置。这个装置不仅能让展品很好地固定，而且把旋转光源也隐藏了起来，大家都为这个成果鼓掌欢呼。

另外两个作品的光源都由各自的成员设计统计，然后把资料发给三雄极光的赵老师。下午赵老师把我们需要的灯具送到了学校，作品算是基本完成。由于组员们都十分劳累，我们把布展的必须物收集好之后，组长让大家先回去好好休息，因为明天是把作品搬到展厅布展的时间，越是到了最后的时刻越是不能放松，希望队友们能一直坚持到最后。

2010年9月11～12日　布展

9月11日　布展

工作进入最后一天，也是最关键的一天。之前我们所有预想的效果能否实现，就看今天布展后的实际状况了，果不其然，布展并不顺利。

首先我们将旋转电机插接在木箱上，进行旋转试验，可是十分的不稳定。另一方面，今天三雄极光照明的赵老师送来了近100根T5灯管，以及所需要的小射灯和筒灯。我们进行打孔组装，所面临的问题是，用可丽耐材料制作的折纸造型作品重达100千克，直接压在灯具上极不安全。最后决定在灯具之间放置木头，将可丽耐放在木头上，减少灯具的支撑。

大家齐心协力，确保了每个作品在照明上的稳定性，最终效果还是不错的，至少我们努力地解决了一个个不可能的问题。虽然作品没有预期的那样完美，但这半个月的制作过程是我们学习的财富。

9月12日　展览开幕，难舍友情

为期半个月的材料训练营顺利结束了，下午展览正式向公众开放。整个材料训练营的同学们对自己的作品爱不释手，这些天的友情也根深蒂固了，相互在T恤上签下自己的名字和对朋友的美好祝愿，迫不及待地拍照留念。

四点的开幕式由中央美院的崔老师主持，每个小组对自己的作品进行简短的介绍，让大家更加深刻地理解材料的创作以及对每个作品的概念构思。我们小组与老师一起在自己的作品前留念，近半个月的辛勤汗水换来最后成功的喜悦，真是感慨万分啊！

晚上六点全体营员进行离别聚餐，上海与天津的同学也将在晚上启程返回。韩国朋友也即将回国，我们相互交换了礼物，相信这段国际友谊会让大家难以忘怀。这或许也将是我们在大学最后一年的一段美好记忆。

作品名称：

墨·攻

作品概述：

主题墨·攻由两部分组成。墨，由中国传统水墨画得来。墨色的焦、浓、重、淡、清产生丰富的变化。墨滴于水中，并迅速扩散开来，渐渐融；攻，显而易见表达墨与水、黑与白的对立、交错、延展、聚合。从整体到个体再到整体的全过程，深切感受其中丰富的韵律变化与材质表情。

系列作品的色彩都选用黑与白的搭配：黑与白的穿插、错落。黑与白，水与墨，表达出纯粹的表面，赋予材料一种情绪、一种表情。

软木小组

软木小组

带队教师：
彭军　　傅祎　　王强

创作营营员：
魏巍——天津美术学院
李嘉漪——上海大学美术学院
李宁慧——中央美术学院
Shin Eunji——韩国建国大学
张婧娇——清华大学美术学院
赵超——中央美术学院
赵洋——中央美术学院
仲歆——清华大学美术学院
高文毓——中央美术学院
Oh Doo Seok——韩国暻园大学

合作企业：
西安静林软木制品有限公司

创作笔记

2010年8月31日～9月1日　参观调研

8月31日 开营第一天

今天是开营的第一天，上午各位指导老师从各方面作了详细的、精彩的专业演讲。一张张精彩的图片在屏幕上闪过，使我们开拓了眼界；一句句经典的评论为我们此次创作提供了不少灵感。直接地接触到了不同国家不同学校不同老师的设计理念，也在一定程度上提高了我们的认识水平；同时也认识了许多设计大师，以及他们的优秀作品。

下午，各个材料的企业代表为我们讲述各种材料的特性。我们首次接触到了许多新型的材料，如GRG、SRC、可丽耐等。还有的企业代表带来了材料样板，让我们亲手触摸到了材料的不同的质地。通过对材料的接触，更有利于我们对材料的理解，也更有助于创意思维的发散。期间，当我们得知明天可以去参观软木展厅的时候，大家都很激动。很期待明天会有更多的收获，软木小组会以饱满的热情迎接接下来的所有工作。

9月1日 参观西安静林软木制品有限公司

今天，走进了软木的世界。大家在王强老师的带领下，来到了西安静林软木公司驻北京销售展厅。我们近距离地接触和感受软木。之后，静林公司的霍俊经理为我们作了详细的介绍。对我们更好地运用软木的性能表现作品提供了很大的帮助。

软木是环保健康的材料，很难想象，它是用橡树的树皮制成的。但是，却有着耐磨、可变、表现力强等特点；并且随着加工技术的发展，软木制品的形式逐渐丰富，已经不仅仅是应用在家装。我们看到了软木制成的皮包，其效果震慑住了在场的所有同学。在我们的设计理念中，会极大地表现这种材料具有的独特的特性。

回到学校，我们针对设计的方案展开激烈的讨论，大家踊跃发言，都在展示自己的概念，各具特色，为了更好，我们还需继续研究、探讨。期待我们9月3日的概念汇报。

2010年9月2～3日　概念研讨

9月2日 深化方案

今天是创作营的第三天，经过昨天的讨论、与老师的交流探讨，大家对材料的特性和创意方案有了更进一步的理解。

整个上午大家都在思考，下午我们和三位老师讨论，将方案进行筛选和进一步深化。有些方案在创意上很新颖，也具有一定的形式感，但由于尺寸、结构上的限制以及在可行性方面上的考虑，我们不忍舍弃一些创意。最终方案确定为三个方向。

第一个方向——“喜怒哀乐”。“喜怒哀乐”是人类所具有的特殊的情感表达方式，可以通过人们脸部的细微变化，直接或间接地表达出心中的感受及想法。“喜怒”、“哀乐”本身是两两互斥的，体现出两种极端的情感，通过强烈变化的画面表达，更加鲜明地表现主题。

通过人像模具——“喜怒哀乐”四种表情，间接表现出材质与概念的结合关系，把材质以具象的形式表现出来。通过改变结构的组成，使软木不仅仅存在于表象，而是真正以结构形式与设计结合。扩大了材料的使用和表达范围，既体现出了软木较强的可塑性，也在一定范围内扩大了软木本身的受力限度。在展览过程中，参观者可以通过直接的肢体触摸，从触觉上体会材料的特性及质感；也可从嗅觉互动中，感受到自然所赐予我们的人文气息。

第二个方向——“偶遇”。设计为观众提供了一个游戏装置。通过设置多重隔板将两侧的人联系起来。两侧的人只有通过不断移动多道隔板参与其中，只有不断移动隔板上的孔洞，使他们恰好移动到一定的角度，才能通过其中的空隙观察到彼此，从而达到表情上的交流。装置暗示了表情的偶遇和交流，强调了人与人交往的不确定性和偶然性。

第三个方向——“表里不一”。人与人的表情交流时刻发生，然而往往内心的真实想法并

不一定表现在外在的表情中。作品希望通过一个装置来表现这样一个表里不一的过程。作品由多个单元型组成，在呈现之初，它的状态是规则复制的，随后它们经历变化，不断地错位、变形、曲折，这是一种内心状态的反映。

三个方案从不同的角度表达了组员对表情的理解，角度虽各不相同，但都各有侧重。希望通过明天的方案交流汇报能将方案进一步完善。

9月3日　搜狐演播室创意概念提交

今天是既紧张又带有一丝兴奋的一天。昨天晚上为今天的汇报方案在作准备，忙到很晚才睡，和前几天一样，今天还没从睡梦中醒来又被闹钟闹醒，仓促的刷牙、洗脸、吃早餐……和央美成员一起来到央美北门等公交，看看时间已有八点多了，九点四十就得开始汇报了，心里很着急怕自己会迟到，庆幸的是我们刚好九点四十到搜狐大厦门口，直奔搜狐大厦十二层。大家都是初次来这种地方汇报自己的方案吧，心里都有一种说不出的紧张与兴奋……

几天的劳动成果即将在搜狐演播室通过网络现场直播向大家展示，一进场搜狐的工作人员就送给我们每个营员一份小礼物——可爱的小狐狸，一下子，大家的紧张情绪立即活跃了起来。主持老师首先向大家介绍了“创意未来——装饰材料创作营”，接着是赞助企业和指导老师代表发言，然后是各个组的营员们依次上场作PPT创意概念文件演示。

终于轮到我们软木组登场啦！首先是由组长魏巍代表全体组员介绍方案，接着是张婧娇和李嘉漪补充汇报，相对于其他的组来说，我们组的创意概念是最多的，同时任务也最为艰巨。

各个小组的方案汇报得都很顺利，中午我们小组的营员们为庆祝小小的劳动成果，一起聚餐庆祝了一番。即使现在的劳动成果不及最终成果的五分之一，我们也很开心，毕竟这是我们这群来自不同国家、不同大学、互不相识的学生利用四天时间团结合作的成果。

2010年9月4～10日　创意制作

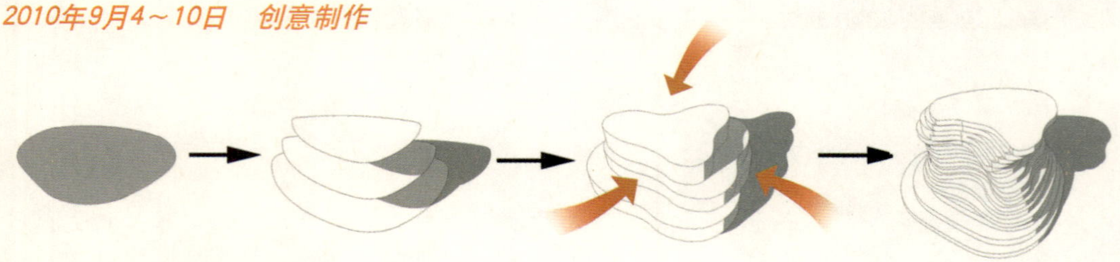

9月4日　方案完善阶段

材料营已经开营第六天了，各个小组都在井然有序地讨论着方案，使方案不断成熟。当然我们组也没有落后，虽然上午老师没有来，但是组员们还是在按照具体的安排努力着。韩国的朋友更是努力，每天都会陪我们一起离开学校。虽然语言沟通上存在着较大的问题，但是他还在认真地聆听，不断地提出问题。

组长也在不停地与企业代表沟通，尽量地保证材料能按时到位，解除制作时的后顾之忧。下午王老师来到学校对我们的方案又给予了一次审查，并提出了许多细节上的问题，使得我们进一步完善了方案。组长在王紫旭同学的陪同下也采购了一些必备的制作工具，并对之后几天的工作作了具体的安排，我们充满了热情迎接着明天的到来。

SIZE

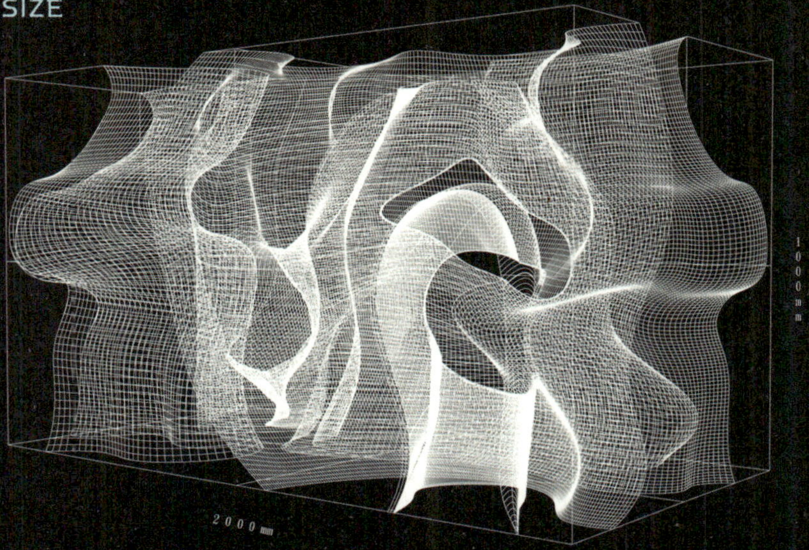

VIEW

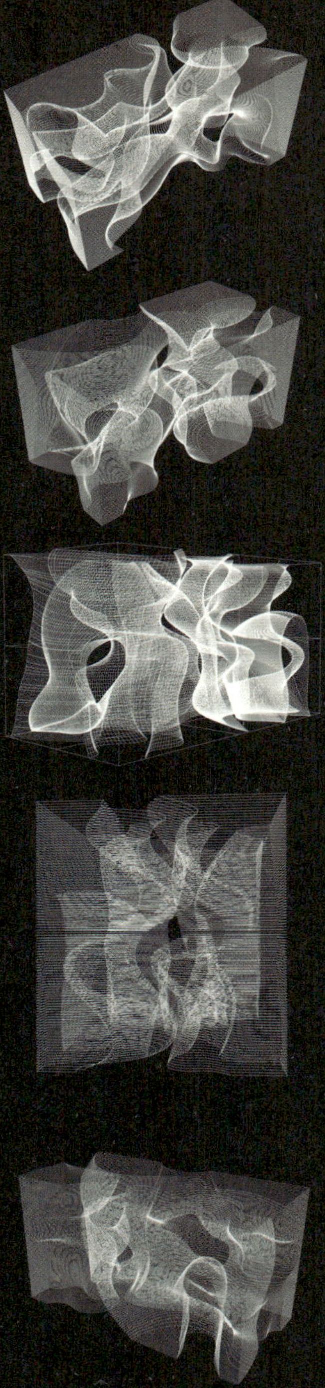

3D IMAGE

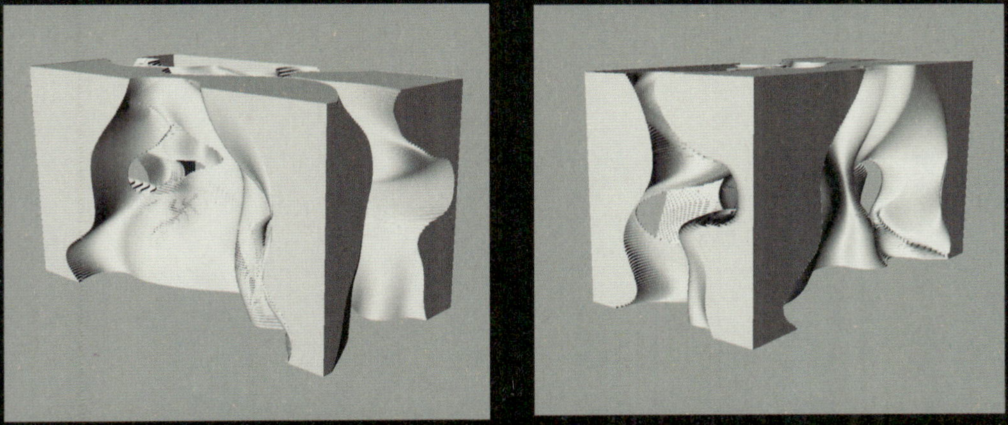

ELEVATION

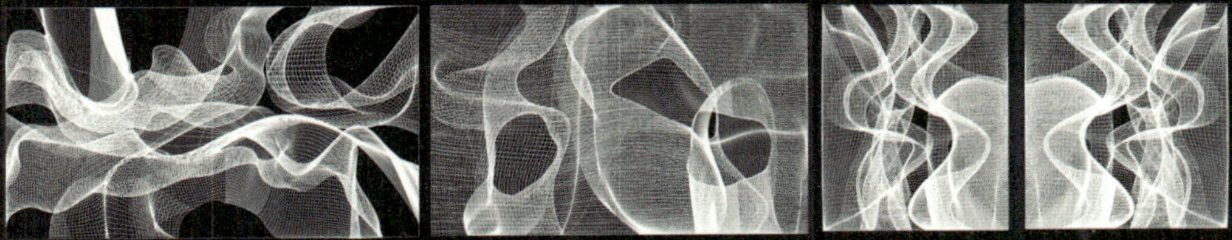

9月5日　开始制作喽

今天是材料创作营的第七天了，经过这几天的努力，两个方案的基本细节已经出来了。上午，王老师来到教室查看制作情况，分别制作两个方案的同学在清华的教室里将方案基本确定了下来。下午，赵超、张婧娇与李嘉漪到大钟寺附近的金五星建材城买了些制作框架的木条与滑动木板所使用的滑轨，其他同学在教室制作三维电脑模型。

下午三点，傅老师来到教室，与王老师一起对同学们制作的两个方案进行修改，提出了许多宝贵的意见。讨论后，同学们开始了最终作品的制作。作品偶遇将在木工房师傅的帮助下建立框架。明天一些同学也将到中央美术学院，使用模型切割的器材对软木切割进行初步尝试。

9月6日　切割软木

在清华驻守了这么多天，今天我们更换了营地——向中央美院进发。由于设备的原因，我们需要把早已运往清华的软木板材装箱转往央美进行一系列的切割作业，争取时间来进行最后的装配工作。但是我们疏忽了板材的重量，经过组长和李嘉漪同学的奋力拼搏，终于才将板材装箱上车。

在央美工作室的一天是紧张而又忙碌的，那里的环境令我们着实羡慕，完全是以一个小型设计工作间的姿态展现在我们眼前。在一系列的小型切割试验后，我们又开始进行最后的方案修改。但愿明天的工作进度可以更快一点，感谢今天为建模付出努力的所有同学。

9月7日　为展示作准备

随着最后作品发布的日益临近，我们的工作也日益增多起来。除了材料制作在紧锣密鼓地进行中，小组的成员还要为展板和最后的展示进行准备。经过组长的分工，一部分人仍然来到央美的工作室，进行展板、建模和展示设计；而另一部分成员在工房进行最后的制作。

虽然时间紧，任务重，大家经过一周的集中工作已经有些疲惫不堪了，但谁都不会放弃，相信我们的作品一定会让大家眼前一亮！

9月8日　软木切割完毕

经过几天的努力，具有不规则形态的软木终于切割出来了。接下来的任务就是把切割好的软木刷乳胶漆并加以固定。这个工作容不得马虎，因为我们每一块软木板的形状都是不一样的，一旦粘错，就不好再更改。看着一块块软木在手中摞起来，还是很有成就感的。明天我们要再接再厉，距离模型完工已经指日可待了，希望明天一切顺利！

9月9日　固定模型

今天是忙碌的一天，小组的任务也变得更加的严峻。每天大家都坚持来到做模型的展厅，随着大家的互帮互助，我们的日程也变得顺利起来。

我们组作品完成的进程还是比较顺利的，每一个步骤都非常有序而且大家都能够齐心协力。在前几天，软木都还是一个个小元素，通过加工已经将其固定成一个完满的整体。现在我们终于完成了所有单体的固定，再苦再累也是值得的。

接下来我们还需要把已经完成的一个个小的单元固定成整体，虽然过程繁琐，块材较多，拼接十分不容易，但大家都很快乐。期间，我们也在尝试多种方法，如何将其真正地完善起来。尽管有一定的困难，但我们的组员始终带着积极的情绪，在不断地坚持。最终，在大家的共同努力下，整个形态立了起来，大家都为今天的成果感到非常的高兴。

9月10日 收获

十余天的训练营在紧张、疲惫和兴奋的情绪中悄然结束了。这十天里，我们经历陌生、苦恼、疲惫，当然更多的是友谊、愉快、释怀和成就感……这十天，我们十一个人，共同走过，经历了太多太多。

看着眼前的作品，实在是百感交集，十个昼夜，大家为了最后的作品都付出了太多努力。虽然今天的我们已是疲惫不堪，但心里着实美滋滋的。我们看到了自己的成长：从构思、设计、制作再到最后的布展，这样的过程让我们不仅见证了我们的思想如何变成了眼前的现实，而且在这样的过程中如何步步为营，经历失败，最终完成了超越。最重要的是，我们彼此珍惜这段有缘的相聚，就像我们的作品之一“偶遇”，我们的相逢是冲破层层的阻隔而实现的。在这十天里，大家已经成为了无话不谈的朋友，彼此交流心声，共同坚持，惺惺相惜。

回想这十天的收获，最明显的一点是对材料的了解和熟练使用。我们使用的材料是普通的软木地板，经过创意、加工制作，它成为了一件件表达内涵的艺术品，让我们发现了软木的不平凡和独特的魅力。我想，对材料的运用和敏感程度是每一位设计师都很在意的能力，作为学生的我们，在今后的学习中，会更加关注材料，关注它独特的地方。

创作营结束了，虽然还没有从这紧张的生活中适应过来，但大家还是要各奔东西，回到各自原来的生活中去。尽管有很多的不舍，但也无能为力，我们相信，通过这次的偶遇，大家今后会有更多的相聚。我们期待着！

2010年9月11～12日　布展

9月11日　紧张的最后布展阶段

今天是紧张的最后布展阶段。眼看十几天的概念设计、制作的时间就要过去了。作品马上就要向大家展示了，软木组的兄弟姐妹们正为了展厅能达到最好的效果而努力奋战呢！实际上布展的过程也是很有意思的，我们在布展过程中，体会着快乐，看到作品、展板能够成功地出现在众人的眼前而兴奋。

大家按照设计的方案将模型组装起来。我们小组一共有两个作品展示。展品的制作是在央美和清华共同完成的，也是因为大家的不懈努力，才能在明天的展览会上展出我们的成果。

胜利的曙光就在眼前。期待我们的作品吧！明天会更精彩！

9月12日　展览开幕

经过十几天的努力，作品的布展终于完成了！今天上午再进行最后的完善和修改。下午四点钟，材料创作营展览正式开始。大家都怀着激动的心情将自己的作品呈现出来，接受老师和众多设计师的检验。组长魏巍向大家介绍了设计理念和设计手法并期待与大家进行讨论和交流。更高兴的是，我们软木小组的作品得到了很多人的好评，这让我们都感到很满足。

会后大家即将分别，彼此都依依不舍，有的同学甚至留下了不舍的眼泪。但我们都相信将来一定会有机会再见面，再次续写我们的友谊。通过这次训练营我们都学到了很多，付出了很多，也收获了很多。希望我们能将在训练营中得到的知识和技巧运用到今后的专业中，在大学的最后一年里完成一个飞跃。

作品名称：

表情

作品概述：

表情——源于一种内心的感受，是经过长年累月的岁月沉淀所反映在物质表面的情感体现，表情不仅仅限于人类的面部特征，在所有生物的某个特定范围内，都有属于自己的具象或抽象表情。

设计灵感源于经风蚀侵蚀而表现出的肌理效果，经长年累月的风化过程，使岩石表面形成次序堆叠效果，体现一种由实至虚，再周而复始的状态，表达沉淀的艺术情感。在营造具体表现氛围的同时，结合环保的主题思想，体现软木所特有的再生特点，将主题思想与实际材料相结合。

第五届国际“创意未来——装饰材料创作营”

5th International “Creative Future—Decorative Material Creation Camp”

材料的“穿越”

第五届国际“创意未来——装饰材料创作营”

活动概况

第五届国际“创意未来——装饰材料创作营”成果展览于2011年9月11日在清华大学美术学院A区多功能厅举行。本次创作营由清华大学美术学院装饰材料应用与信息研究所主办，清华大学美术学院环境艺术设计系、中央美术学院建筑学院、上海大学美术学院、天津美术学院以及中国室内装饰协会、中美室内设计教育与研究基金等多家单位联合协办。活动历时两周，共有来自清华大学美术学院、中央美术学院建筑学院、天津美术学院、上海大学美术学院以及韩国首尔大学、暻园大学、淑明女子大学共七所院校的师生参加。

活动以“穿越”作为创作主题，营员们根据所获取材料的不同特性，表达并延展这一创作主题。创作营共分为软木、水空间、光环境、木板材、3form以及防火板六个小组。

■创作营顾问：

郑曙旸——清华大学美术学院常务副院长、教授，
中国室内装饰协会副会长、设计委员会主任
中国建筑学会室内设计分会副会长

吕品晶——中央美术学院建筑学院院长、教授

赵　虎——美国《室内设计》中文版执行出版人

■创作营总策划：

杨冬江——清华大学美术学院环境艺术设计系副主任、副教授、博士
清华大学美术学院装饰材料应用与信息研究所所长
中国室内装饰协会设计委员会秘书长

■创作营特邀带队专家：

傅　祎——中央美术学院建筑学院副院长、副教授

邱晓葵——中央美术学院建筑学院第六工作室负责人、教授

崔冬晖——中央美术学院建筑学院室内设计教研室主任

杨宇——中央美术学院建筑学院讲师

方晓风——清华大学美术学院环境艺术设计系副教授，《装饰》杂志主编

聂颖——清华大学美术学院环境艺术设计系副教授

管沄嘉——清华大学美术学院环境艺术设计系讲师

彭军——天津美术学院艺术设计学院副院长、环境艺术设计系主任、教授

王强——天津美术学院艺术设计学院副教授

何小青——上海大学美术学院建筑系副主任、副教授

黄国涛——上海大学美术学院建筑系讲师

谢明洋——首都师范大学美术学院艺术设计系讲师

王辉——URBANUS都市实践建筑设计事务所总建筑师

李存东——中国建筑设计研究院环境艺术设计院院长、总建筑师

赵虹——中国建筑设计集团北京筑邦建筑环境艺术设计院总建筑师

刘孜——空享生活创意总监

石硕——清华大学美术学院装饰材料研究所所长助理

徐秀卿（Swoo K. Suh）——韩国淑明女子大学设计系教授、中央美术学院客座教授、博士

■创作主题：

穿越

■创作目的：

■提高对材料的理解和认识，建立与材料的互动和情感

■将概念的内涵在空间中进行全新界定

■通过对创作主题的表达，增强对于材料的质感和可塑性的认识

■学习对细部设计及构造的研究方法

■以可持续的眼光看待材料，积极探索材料应用的全新可能性

■作品要求：

■各组根据所获取材料的不同特性，表达并延展“穿越”这一创作主题

■作品须为自我支撑的活动结构体系，可移动、可拆装、可再利用

■每组作品需由不少于三个单元组成

■三个单元的作品需有较强的关联性

■每组作品在展出时需配合完整的概念及方案草图

■活动日程安排：

2011年8月29日，创作营营员报到

2011年8月30日，创作营开营仪式

2011年8月31日，相关材料知识专题研讨及设计主题阐述

2011年9月1～2日，分组概念研讨

2011年9月3日，创意概念提交

2011年9月4～9日，创意制作

2011年9月10日，布展

2011年9月11日，作品发布及展览开幕仪式

防火板小组

防火板小组

带队教师：
杨宇　　李存东　　徐秀卿　　王辉

创作营营员：
关龙姣——中央美术学院
陆婷——中央美术学院
李婧——中央美术学院
高敬涵——中央美术学院
金秀贞——中央美术学院
陈思锦——中央美术学院
王檄——中央美术学院
王汉——中央美术学院
朱晓鸷——上海大学美术学院
张玉——上海大学美术学院
Kim Min Ji——韩国曝园大学
Lee Ju Wang——韩国曝园大学

合作企业：
上海富美家装饰材料有限公司

创作笔记

2011年8月30～31日　参观调研

8月30日

虽然防火板是常用的装饰材料，但因为接触实际施工比较少，因此对于我们来说这个材料其实也算比较新奇的。首先我们先了解了其特性：防火板又名耐火板，学名为热固性树脂浸渍纸高压层积板，英文缩写为HPL，是表面装饰用耐火建材，有丰富的表面色彩、纹路以及特殊的物流性能，广泛用于室内装饰、家具、橱柜、实验室内墙面、外墙等领域。考虑到一般它的使用是附在基材上的，不能以独立的结构、支撑等形式出现，因此，我们希望能挑战其硬度，用拼搭的方式做一个互成结构的东西出来，将易碎的材料变为坚固的结构便成为了我们的目标。

2011年9月1～3日　概念研讨

9月1日

有了基本形式的构想之后便开始着手实现，然而各种挑战也接踵而至。首先就材料本身而言是由多层牛皮纸经过特殊处理压缩而成的，害怕磕碰，是易碎品。另外，其表层硬度很高，一般美工刀切不动，力度又很难掌握，用钢锯又会使其碎裂。但是最终我们还是找到了解决办法，数控机床，不仅可以为我们切割，最后还解决了拼插时需要开槽的问题。

初步加工好每一个板材之后我们还需要再进行深加工。出于发挥其颜色丰富的特点，我们选择每一个构件都是由两种颜色的板材相贴组成。等一切构件的加工制造完毕后就开始更为复杂的步骤——拼插。因为想让其实现互成结构，因此我们希望每几个构件之间的组合可以成为一个大的单位形体，并且具有很高的稳定性、坚固性。因此，我们做成了类似于弹簧的形式，是不停盘旋上升的，同时由一些节点将各个单元型稳固连接，这样就克服了弹簧式的弊端——不抗压性。

2011年9月4～10日　创意制作

9月4日

我们的材料来啦！样品中很轻薄的防火板，一整张竟然如此沉重。1.2米×2.4米的整板，需要八个青壮年劳力齐心协力，还是艰难地在移动。我们的订单的材料大概分四种，红色板、白色板、镜面板和镜面带凸点板。

100多张防火板摞在一起时已经抬不起来了，只能推着移动。防火板被放置在了大厅的角落，很低调的样子，却也是身价不菲呢。

与此同时，一小部分防火板正在运送至建材市场中的铣床等待切割。想来防火板与防火板的命运也是不同的。当“伙伴们”已经在各种高级卫生间、厨房、餐厅中担当重任时，这里的“100多名”已即将成为艺术品，在精心为它们布置的展厅中被人审视。在不知结果如何的此时，恐怕它们也会心怀忐忑吧，但这又何尝不是一场奇妙的旅行呢？

9月5日

第一次跟这么多人一起合作，以团队的形式推出一个作品，要学习的太多了。每一个人的内心，都有属于自己的一片风景。如何互相理解呢？当无法理解现前风景的趣味的时候，我一度逃避了。但是合作需要学习的地方正是这里。当无法互相理解的时候，当无法相互说服的时候，当必须抉择挑拣其一的时候……很多时候，面对友情与作品，开始纠结。团

队里面的每一个人，都对作品负有责任，不可推脱，是谁的方案不是什么大不了的事情，关键是每一个人都有责任让它可以变得更好，最后的呈现，是团队的能量。

什么时候坚持？什么时候妥协？什么时候据理力争？对于每一个建筑师来说，必须面对团队合作……我要学的，还有很多呢。

9月6日

今天，我们参观了都市实践事务所并且将我们的方案向王辉老师作了汇报，王辉老师在听完我们的汇报之后，立即指出了我们方案的很多弊端，比如方案与人的关系，即“场所性”的缺失。方案变成了雕塑，和人脱离了关系就几乎丧失了其空间上的意义（虽然我们最初探讨的时候也一致认定该方案要具有一定的与人的关系，但是由于种种原因，该形态更像一个现代主义的元素所堆积的“物”），还有就是我们的概念也很牵强，其实所谓的概念并不是与大自然所谓的某些元素或者形态的相似性扯上关系就是真正的“概念”了，并且我们所谓的说辞也并不具有说服力，比如加强人的参与性之类的议题，都只能算作是试图解释这件作品的一些借口，并且可以由其他的方式解决，这其实是和我们从小所受到的教育有关的，大学之前的教育从未提及一些对于批判性思考的发掘，以及对于社会现状的关注，因此我们所做的东西脱离了一些社会的属性，也没有真正地去解决问题。最后是关于“形态”的，我们做了很多现代主义早期的蒙德里安风格派的图解和颜色加入我们的方案中。于是问题就出现了，我们在研究和重复80年前的人所做的工作，是别人看到就能第一时间反应到并且没有超出期待的，也不符合这个时代的特征，因此这些表达的方式是有问题的。我们所要做的其实就是想未来人所想，做未来人所做的东西。

ViewSonic
VA2232w

9月7日

在距离展览开幕只有不到两天的时候，展览现场仍然是遍地防火板片，节点数量也不够，这意味着开幕的前一天我们还要先到建材市场切割，然后打磨、粘贴，再将四片制作成一个节点方可使用。工作量很大，我开始担心我们无法按时完成作品了。

可是经过大家的齐心协力，在开幕前一天的最后时刻，我们终于将展板制作完成了，并把它们整齐地固定在墙上，浩大的模型也被灯光照亮。等到揭去最后一张塑料保护膜，拾起地面最后一片杂物，整理好手套胶带，这激动人心的一刻真的到来了，我们的作品在灯光的照射下熠熠生辉！

伙伴们纷纷在片片插起的防火板小山中合影，外地的同学讨论着出游的计划，保洁人员在清洁我们的展区，觉得这一切像做梦一般。其中的成就感远远超出完成作业后的轻松和释然，那是真正的开心，我觉得我们齐心协力做成了一件“事儿”。真神奇！

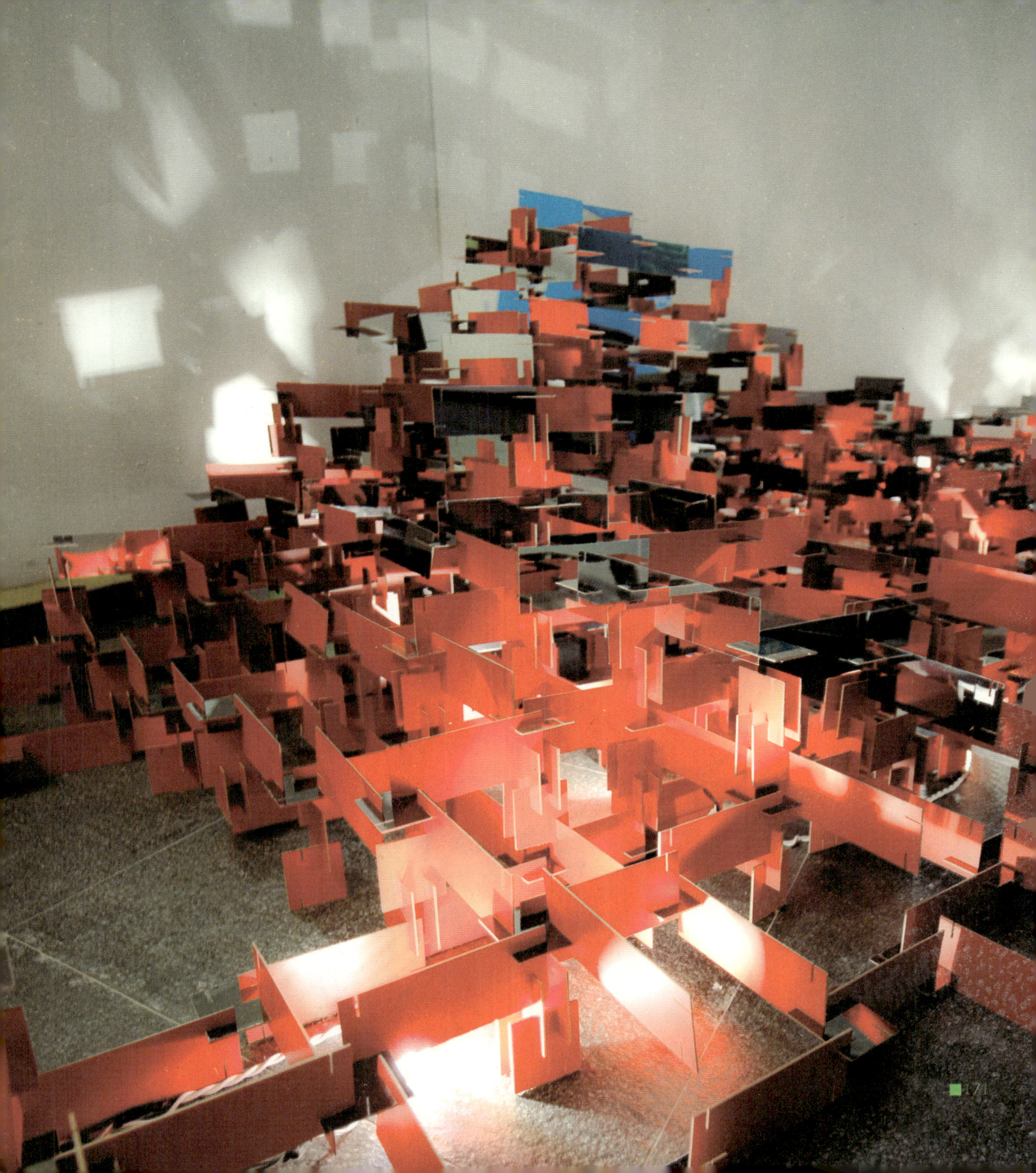

9月8日

如果说，“这次的创作营给我们最大的收获是结识了来自各地的伙伴，留下了深厚的情谊”，可能有点太矫情；但是，的确是如此。在合作中，不免有小碰撞，小摩擦，但是也因为每天长时间地在一起碰撞思维，我们有更多的时间可以互相熟识、了解。这次的防火板小组的浩大工程让我们成为了熟练的男工女工，也让我们在进行这重复大量的体力工作的时候，有自由的思维可以畅所欲言地谈天说地，在互相肆无忌惮的玩笑里，大家都笑得好开心。来自上大的成熟可靠的“鸟哥”与看起来小稳重其实却无厘头的小玉，来自首尔的大帅哥柱旺与可爱的小美女民治……还有美院里室内设计的伙伴们！没有可爱的大家所围合起的欢乐，这个课题就会黯然失色得失去意义。

怀抱对世界的爱，世界也会回馈爱。大家的友爱汇聚成我们的作品，看着那一片片垒砌叠加的或鲜红或光亮的小板子，明晃晃地，在歌唱我们的欢愉无忌。

9月9日

爆料啦，对号入座

感谢带着病还工作的每一个人。

感谢最早到教室耐心等待其他人的每个人。

感谢每天早出晚归来美院讨论的每个人。

感谢过程中总有新的想法提出来，但是又很难解决的每个人。

感谢来得晚要请喝东西的人，还有没迟到也请喝东西的人。

感谢英语不好但为了交流硬要说英语的同学。

感谢说我们的材料不能切割，以致我们历经千辛才切割完成的师傅。

感谢长得太帅以至于男生都心动的老师。

感谢由于文件有问题以至于要推迟交图时间，为我们延期的老师。

感谢每一位给我们意见、建议、机会的老师。

感谢制造组织这个小团队的组长。

最后感谢不管多费劲也都快快乐乐在一起工作的每个人，真的开心。

9月10日

我们设计的最初概念是利用防火板的属性特点，以其最优越的特性——防火性来做，于是大家俏皮地说："不如直接燃烧"，但由于其还是可燃性的材料而否决了这个决定；由颜色丰富这个特点引发出万花筒的方案，由万花筒的方案联想出游戏类的各种方案，当我们在游戏类的方案中越走越远的时候却发现自己离原有的材料本身的研究却越来越远，最后我们重新洗脑选择了另一个截然不同的想法：从改变防火板原有的性格特点出发，也就是把它原有的平面特性立体化，我们想了一种简单的单元结构形式，然后利用结构之间的组合来搭建，颜色之间的搭配来呼应和镜面之间的相互反射达到最后既有预料之中又有预料之外的感觉。这个不断否定又不断肯定自己的过程是整个活动最微妙、最有意思的体验。

2011年9月11日开展

9月11日

为期11天的创作营生活结束了，我们收获了很多有关于材料以及学习和知识以外的东西，大家也相处得很愉快，不同学校的人和不同学校的背景以及思维方式碰撞在一起，融合出了这几件精彩的材料作品。

首先感谢厂家以及清华方面给予我们的材料以及经费上面的支持，正是有了这些硬件的支持，我们才有机会脱离纸上谈兵的概念上的空想和纸面上的绘图，而真实地去实现材料搭建，也让我们了解了昂贵的杜拉维特系列，融合高科技的新型材料3form，而在这之前，我们对这些材料的了解几乎为零。而像木地板、软木以及防火板这类广泛应用的材料我们虽然知道，但是这些材料的特性，例如耐火性、硬度、韧性等以及它们与基材或者互相之间的连接以及构造，都不是我们所熟悉的。这个课的最大意义就是我们在操作实际的材料，在研究它们的性能，并且在我们的手中进行感知，这也是这个课最大的特点所在。

作品名称:

生长的立方

作品概述:

我们设计的初衷是挑战防火板的特性，改变它原有的属性，使之不单单是一种表皮材料，而是作为一种结构展现。

首先，小组成员分类列出防火板的优质属性，如耐撞、耐潮、易清理、色彩丰富多变等，突出其作为表皮材料的特点。然后，我们设计了一种单元结构形式，并利用结构之间的组合来复制，搭建。但如何与“穿越”这一命题结合，产生何种形式？又是另一个难题。单纯地搭建成三个立方体并不能表达出我们对于“穿越”的理解，而且这样的话作品和人的关系也被削弱了，即“场所性”的缺失，方案变成了装置，　和人脱离了关系就几乎丧失了其空间上的意义。最终，我们选择了金属和亚光两种不同的表面纹理材料，将“实体的方”展开、虚化、蔓延开来，使三个虚化的立方体就像从大地中生长出来的织物般蔓延在场地中。

生长，出自然的姿态。
形态说明
FORMICA无处不在，成为无可替代的元素，侵入生活，不断蔓延。
3.氛围

水空间小组

LOOK

水空间小组

带队教师：
邱晓葵　　何小青　　黄国涛

创作营营员：
刘爽——中央美术学院
连志红——中央美术学院
武雪——中央美术学院
杨柳——中央美术学院
印允智——中央美术学院
刘永超——中央美术学院
王志刚——中央美术学院
王帅——上海大学美术学院
彭胜钢——上海大学美术学院
苏志嘉——上海大学美术学院
Youn Chohye——韩国淑明女子大学
Kang Daseul——韩国淑明女子大学

合作企业：
杜拉维特（中国）洁具有限公司
上海盈创装饰设计工程有限公司

创作笔记

2011年8月30～31日　参观调研

8月30日　开营第一天

今天是材料营开幕的日子。我们满怀激动之情奔赴清华大学美术学院，我们组有来自三个学校的同学，中央美术学院、上海大学美术学院、韩国淑明女子大学。今年我们的题目是“穿越”。带队的有邱晓葵、何小青和黄国涛老师，他们也都是参加了几届材料营活动的元老，都对这个活动表示出了强大的信心并鼓励大家踊跃出方案参加讨论。三个材料商向我们简单介绍了一下各自材料的特点，在设计领域的应用范围和优势。

当天下午我们参观了闽龙陶瓷博物馆和杜拉维特旗舰店。闽龙陶瓷博物馆是在闽龙陶瓷总部基地里，一栋单独的2层小楼，一层都是红木家具展厅，二层都是陶瓷展厅。二层还分有“中央美术学院师生作品展区”、“清华美院师生作品展区”、“景德镇陶瓷学院师生作品展区”、“中青年艺术家作品展区”等，看到了师哥师姐们的作品甚是惊喜。随后我们去参观了杜拉维特旗舰店，负责人给我们详细介绍了这个被称为卫浴界的劳斯莱斯的品牌，一流的设计和形态让我们大饱眼福，还收到了杜拉维特送的小礼物，真高兴！厂家们也承诺可以提供一些简单的材料，剩下就是我们的创作啦！加油！

8月31日

今天是材料提供商对于自己材料应用方面的介绍。在清华美院的教室听了来自各位赞助商和来自韩国的徐秀卿老师的报告，深感受益匪浅。随着经济的发展，人们对生活用品和周遭环境的需求和期待不仅仅停留在实用性的需求上，更加要求其外形的美观和创造性。在各位老师的讲解和展示的案例中，我们更加深刻地认识到了这一点。尤其是来自韩国的徐秀卿老师，她用一些精彩的案例或是亲身经历的所思所想，向我们传达好的设计是可以让人思考，让人感觉到亲切，置身其中会更令人有家一般的感觉的。

下午，水空间小组与黄国涛老师、曹阳学长共同讨论了设计方案，同学们各自阐述自己的想法，小组的讨论气氛十分活跃，同学们也十分全面地考虑到了我们整个设计制作的各个方面，如同一个大家庭，每个人都为我们共同的成长默默努力，希望我们播撒下的美丽种子早日盛开、绽放。

2011年9月1～3日　概念研讨

9月1日

今天是第一天在央美上课，邱老师、黄老师和曹阳学长和我们一起看所有成员的初步方案，大家都对自己的方案以PPT的方式作出了汇报。“水空间”对于每个人而言都是不同的，而“穿越”一词更令每个人的想法不一，从中引申出许多有趣的想法，例如央美同学的水漩涡、水泡泡、互动水空间，韩国同学的水循环和上海大学美术学院的互动生命之树等。老师也耐心地对我们的方案进行了深化提议，同时对材料的使用、形式感和造价等不同方面进行了分析。

这些初期的想法是支持我们继续创作的动力，我们将深化细部设计，模型、材料试验等都是等待我们去发掘的重点，大家被分为几个小组进行深化，相信我们一定可以做得更好！

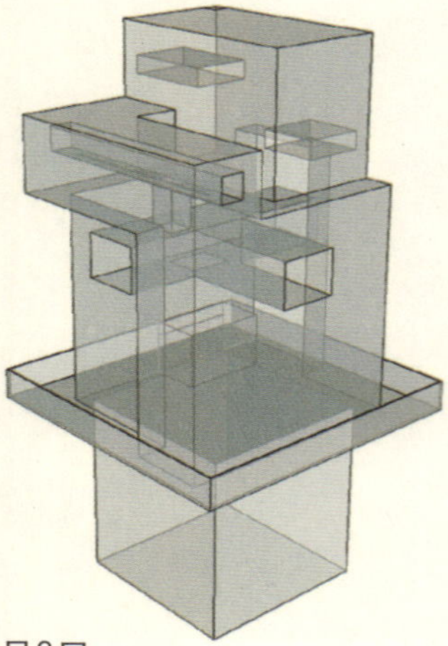

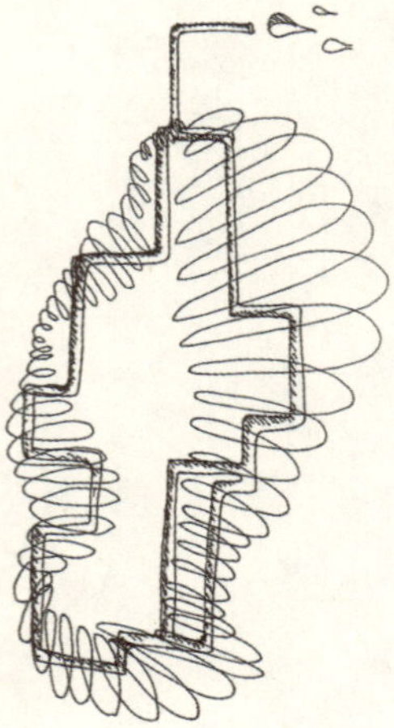

9月2日

今天我们几个小组各自深化了方案，央美同学的水旋涡、水泡泡、互动水空间，韩国同学的水循环和上海大学美术学院的互动生命之树，大家把方案的想法都深入到了可以实施出来的程度。大家的方案各有各的特点，但是在9月3日的时候，只有3个方案可以汇报。

下午，通过同学们投票和邱老师的帮助，同学们重新分组，把几个方案整合，重新确立了几个方向，初步确定了要汇报的方案，包括水的呼吸、水的旅行、水的生命。它们共同构成了有关于水的主题。

9月3日

水的呼吸、水的旅行和水的生命分别由三个同学负责。早晨我们就来到了在搜狐大厦。由于水空间小组是第一个汇报方案的小组，同学们还是有些压力的。为了给方案的汇报开一个好头，大家在一遍遍的练习中等待汇报时间的来临。

下午两点，汇报的时间终于到来了，主办方以及各个学校的老师致辞之后，水空间小组的组员登台了。首先是上海大学美术学院的同学汇报了方案的第一个部分水的生命，接着是韩国淑明女子学校的水的旅行，最后是中央美术学院的水的呼吸。清华大学的老师在汇报后对我们的方案进行了点评，表扬了水的旅行这一部分，并对其他两个部分进行了合理的建议。同学们都在汇报方案的过程中得到了很多收获。接着是其他小组汇报方案，大家在其他组同学的方案中也感受到了各种巧妙的构思和很多具有延展性的设计逻辑。

2011年9月4～10日　创意制作

9月4日

继续修改方案，在老师的指导下选出了两套可实施的方案，分别是变形的水和水的旅行。并希望我们两组做出草模，以有助于最终作品具体形态的确定。水空间小组的12个同学分成了两个小组。小组长们给大家分配了任务，有一些同学去买做草模需要的材料，包括有机玻璃、泡泡溶液、胶水等。另外一部分同学在教室里通过电脑建模推敲模型的形态。

晚上大家在教室里用之前买的材料做了模型和试验，惊喜地发现泡泡可以在空间里生长，并且可以存在的时间长达几分钟，经过分析，是由于泡泡和泡泡之间粘合在一起而形成了稳定的六面体结构，所以泡泡并不像之前想象的那样易碎。大家一起讨论确立了作品的初步形态和实施的办法。即使用空气压缩机把空气压缩到盛有泡泡溶液的容器里边，使泡泡在透明空间内从下向上生长。

9月5日

小组成员早上就来到了中央美术学院教室，大家一起讨论最终的材料和最终作品的形态。在比较了材料价格以及推测了作品可能达到的效果之后，终于确定了主要材料为亚克力，其余材料为泡泡溶液和空气压缩机。一部分同学去建材市场购买主要材料亚克力和空气压缩机，以及辅助的材料无影胶、手套、口罩等。另一部分同学去买可以配制泡泡溶液的原料。通过调查，泡泡溶液的原料包括洗洁精、洗发水、胶水、白糖、还有茶叶。晚上，泡泡溶液配置成功了，泡泡的颜色和耐久度都达到了标准。

9月6日

今天主要是根据昨天确定的大致方案意向，进行进一步的深入，确定具体的方案细节，进行建模和画CAD。

我们初步确定了两个想法：一个想法是用透明亚克力做四个高低不齐的三棱柱，后来因为三棱柱切割和粘贴起来比较困难，就改为了立方柱，放到一个10厘米深的水槽中，水槽中盛肥皂水，用空气压缩机分别在四个立柱下的肥皂水里不停地输入空气，这样泡泡就能沿着三棱柱上升，不断上升的泡泡到了最上面就会溢出来，破裂后的肥皂水就可以沿着外壁重新流回水槽中。另外一个想法是做一个大的立方体盒子，在上面有高低不同、大小不一的孔洞，分别对应着手、嘴、眼的高度，泡泡会从这些洞里溢出来，人就可以通过触摸、吹、看的方式与整个装置形成互动。邱老师看过模型后，确定了第二个方案，主要是因为一整个充满泡泡的透明立方体视觉冲击力比较强，而且方案中考虑到了人的参与，能让人们有一种穿越泡泡的体验。接下来进一步调整了整个装置的外形，并根据模型画了CAD图纸。

9月7日

离最后的展览只有四天时间了，我们进入了忙碌的装置制作阶段。今天的主要任务是购买材料和找加工点进行切割。根据昨天确定的具体方案和CAD图纸，我们先计算出了整个装置所需要的亚克力，1.2米×2.4米的亚克力板一共需要三张，并根据亚克力板尺寸对昨天的CAD图纸进行了切割前的调整和排版。接下来，为了节省时间，我们把组员分成了两部分，一部分人去建材市场买材料，一部分人带着图纸去联系切割的地方，两边同时进行。购买材料的事很快就搞定了，同时在建材市场附近联系到了加工点，因为时间太晚了，所以跟老板谈好了价钱，约好第二天早上去拿切割完的材料。

9月8日

上午我们去建材市场买了粘亚克力用的胶和工具，找车把切好的亚克力板拉回了美院，好大的一堆，光揭亚克力上的保护膜就用了很长时间。接下来的工作就是拼装亚克力，开始大家都担心这么多大小不一的板子到底能不能拼接到一起，因为一旦其中出了差错，岂不前功尽弃了，还得重新画图、买材料、切割。

我们是从下往上开始拼的，最先粘好的是下面盛肥皂水的槽子，然后是各个中间的小部件，最后是四个立面以及把各个部分组装起来。看着自己设计的作品一步一步地呈现在眼前，大家紧张的心情也越来越放松，这么多天的忙碌工作总算是看到了成果，还是很有成就感的。一直忙到下午五点多才把整个透明装置拼装完，效果还不错，真希望能早点看到把肥皂水和空气压缩机加进去的整体效果！

9月9日

一早儿同学们又对昨天粘好的模型进行了修补和完善，中午的时候，我们一起把模型和展台及用具抬上了车，准备把它们从中央美院的教室里运送到清华美院的展厅。结果在路上遇到了急转弯，虽然有两个同学的保护，但是由于惯性，模型还是飞起来了一些，亏得有惊无险，没有摔坏。

到达清华之后，我们就开始了泡泡溶液的配置和模型的进一步组装。有些同学加固或密封模型、有些同学连接电路、有些同学现场制作泡泡溶液、有些同学去买油漆为展台刷颜色。结果等到油漆干了以后，发现油漆的覆盖力不够强。于是，大家决定明天买回贴纸把展台糊上一层包装起来。

MERCA

9月10日

早上大家先分工买了很多材料，贴纸、鱼、水管等。后来一起来到了清华大学美术学院的展厅，由于之前已经做过很多试验，昨天的泡泡溶液各种材质之间的比例掌握得还不错。在把盛水的容器密封之后，我们开始了实际展览的测验，需要测试的是空气压缩机所提供的空气量与已完成的亚克力模型容量之间的关系。经过长达一个小时的等待和试验，发现一个空气压缩机所能提供的空气量不足以充满亚克力模型的空间。一些同学开始用人工打气或者人工吹泡泡的方法，终于把亚克力模型的空间填满了。大家对于大概的展览效果还都比较满意，决定再买一个空气压缩机。下午，当两个空气压缩机共同工作的时候，效果终于通过了组员们的审核，作品完成了。

作品名称:

凝固的水

作品概述:

当它遇到空气，当它遇到皂角，它变得轻盈，它开始了飞翔。它是水，是更加多变的水。

肥皂泡的存在，是一种出现、生长、变化、消失的过程。用透明的“框”这种空间形式把变化中的肥皂泡框起来，仿佛凝固了一小段时间。为了捕捉肥皂泡总是飞向高处的特点，“框”的形式上具有向上盘升的意味。我们在“框”的墙壁上设置了很多“窗口”，通过有些窗口可以看到肥皂泡，有些窗口可以摸到肥皂泡，有些窗口可以吹走肥皂泡；有些窗口生长着植物和鱼类。借助这些互动，人们可以充分地感受到肥皂泡的状态和变化。同时，也“穿越”了肥皂泡存在的空间、结构以及逻辑。

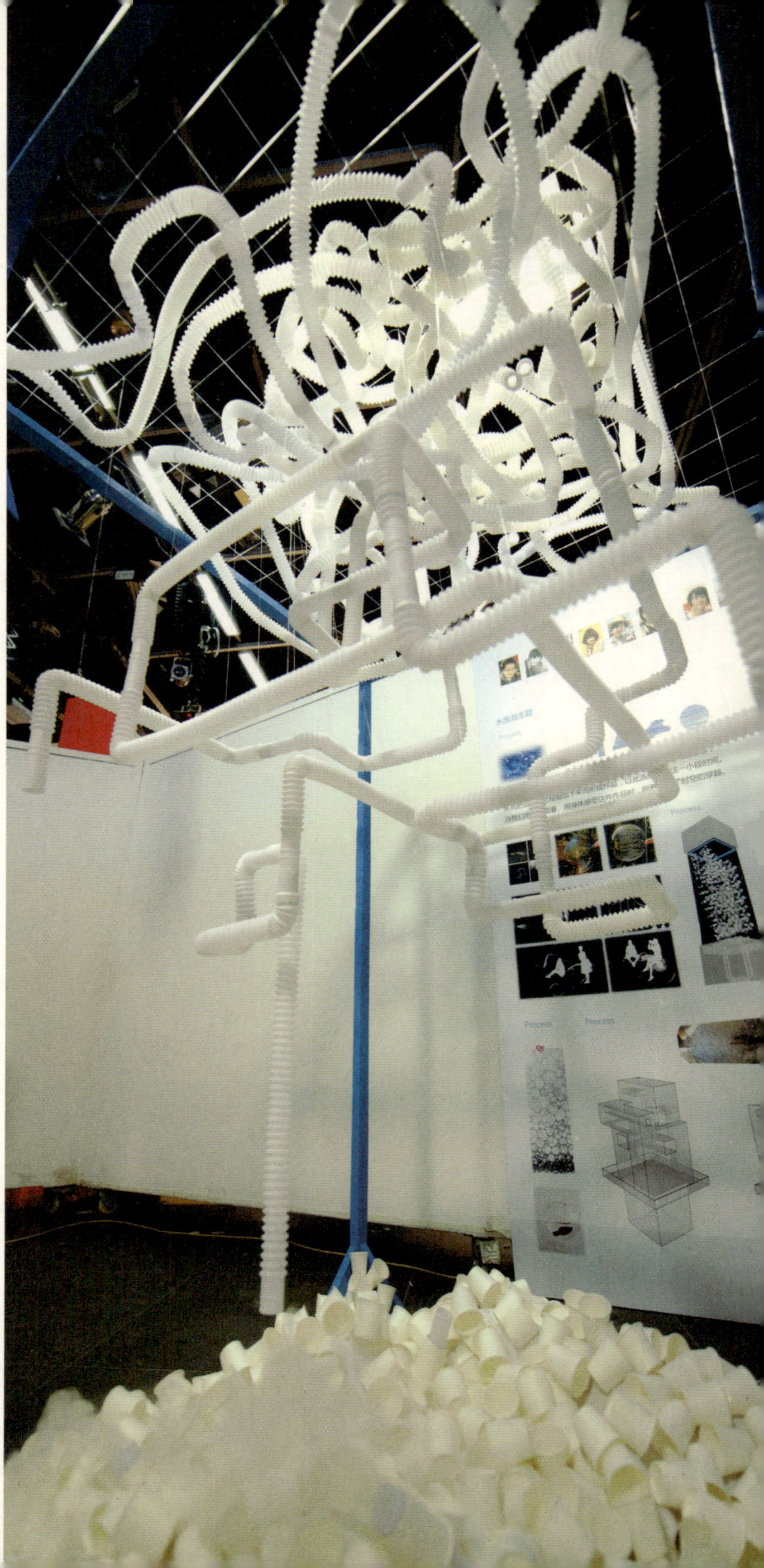

e Material
Camp
LOOK
LOOK
BLOW
TOUCH

软木小组

软木小组

带队教师：
傅祎　　崔冬晖　　谢明洋

创作营营员：
张颖——中央美术学院
郑紫嫣——中央美术学院
徐爽——中央美术学院
金嘉嬉——中央美术学院
蒂娜——中央美术学院
王宁——中央美术学院
刘超——中央美术学院
李铁——中央美术学院
卢紫荷——上海大学美术学院
张洪源——上海大学美术学院
Lee Seul Yena——韩国暻园大学
Gwon Yun Ho——韩国暻园大学

合作企业：
北京静林林洋软木制品有限公司

创作笔记

2011年8月30～31日　参观调研

8月30日

材料创作营终于开始了，早上我们一改往日在暑假睡懒觉的习惯，七点二十就在一食堂集合了，很长时间没有这么统一着装地出发了，真开心！

早饭过后分头打车，通知上说9点在清华要举行开营仪式，这个时段的四环还真堵，20多分钟了还没到鸟巢，心里很是忐忑，眼看着手表和周围拥挤的车辆，难道第一天就要迟到不成？还好，我们还是在规定的时间到场了。之前也来过清华，所以地点还是很容易就找到了，就坐过后，各位老师和同学们见了个面，作为开营前的预备工作。开营仪式虽然有几个老师因为通知错误未能及时到场，但是还算顺利，印象很深的是傅老师的讲话：每年这个时候都可以见到老朋友，大家在这个地方相聚！同时在现场还知道软木小组有两名上海美术学院和两名韩国暻园大学的同学参与，大家很快通过胸前的挂牌知道了彼此的名字。

然后，就是各个小组的师生和厂家的见面会，软木的顾问霍俊先生向我们介绍了他们厂的历史、成长经历和销路等，大家很快就熟悉了。饭后，厂家接我们去他们的店面参观了很

多产品，都是用橡树的树皮做的，多数为地板材料。

今天很快过去了，又累又困，不过对要到来的一切还有些许兴奋！

8月31日

今天上午是产品介绍会，共有四个厂家介绍他们的产品，还真是各有各的特点，让我们大开眼界。饭后，大家在清华园里转了转，看着高材生们匆匆忙碌着。

下午的介绍同样很精彩，韩国的徐秀卿老师还给我们作了生动的讲座，一个很有气质的女设计师，印象很深的是3form的产品，无论是肌理感，还是透明性，都是看上去很有欲望尝试一下的。看来对他们小组的作品要拭目以待了！

2011年9月1～3日　概念研讨

9月1日

一早儿，大家在央美的教室里开始了设计方案的研究讨论。经过昨天在清华美院企业代表对软木的详细介绍，小组成员们对本组要应用的材料有了更深一步的了解。大家各抒己见，每个人都提出了自己对软木这个材料和“穿越”这个主题的理解与想法，并用中、英、韩文三种语言进行着不断的翻译再翻译，讨论得热火朝天。

中午，大家到美院三楼新开的餐厅准备饱餐一顿，新餐厅中西结合的新菜单真是看得我们眼花缭乱，不知该点什么好。丰盛的午餐过后，我们一起参观了美院的美术馆，并稍作休息。下午两点，小组成员们又再次投入到工作状态中来，大家对上午的讨论作出了总结，得出了软木在时间、空间和形态的穿越这三个设计方向，同时向指导老师阐述了三个方向各自的特点，最终决定晚上每个同学对自己感兴趣的设计方向进行深化研究。

9月2日

为了让中国与韩国的同学沟通可以更顺畅，大家特意请来美院朝鲜族的同学担当翻译。大家在分析完各自的方案后，似乎陷入了僵局。每个方案都有着不同的优点与不足，究竟如何才能让大家齐心协力想出最终的设计方案并很好地完成呢？老师们的到来，顿时解开了同学们的僵局。

终于，我们发现：其实软木给人带来的各种感受和体验，本身就是一种穿越。提取出各个方案的优点并加以结合后，我们决定由人的四感：视觉、听觉、嗅觉和触觉四个方面入手，让软木以不同形态给人带来不同体验来完成最终的穿越。小组成员们按四个方向分成了四个小组，各自准备各组的概念表达图纸，由组长进行汇总，并编排成PPT。希望明天的创意概念发布可以顺利地完成！

9月3日

各个小组的第一次概念汇报在搜狐大厦演播室进行，网络直播原来气氛如此轻松愉快，六个小组依次由中韩代表向大家阐述本组的方案，然后由各校老师进行点评并给予一些建设性的意见。我们软木小组的每个同学的创作热情都很充沛，加之软木的材料特性也很丰富，所以每个想法都充满了趣味和智慧。经过几天的不断讨论和筛选，最终将我们的方案定为看、听、触、嗅四个感觉方向。简单明确的PPT使得组长王宁和Yena汇报的过程十分清晰，并得到了老师们的肯定。

对于展览方式和最终效果，我们还会进一步研究，希望能将我们的想法完美地诠释给大家。充满活力的软木小组，加油！爱你们。

2011年9月4～10日　创意制作

9月4日

软木小组进展顺利。难得的好天气，来自上海和首尔的同学相约在南锣鼓巷见面，准备忙里偷闲，享受午后艳阳下风光无限的老北京。

9月5日

经过一天短暂的休整，大家都带着饱满的激情重新回到紧张的设计状态中。今天的工作重点主要是深化方案，讨论方案的可实施性。由于我们前期概念意象就不同于以往，是对概念的再次细分，所以我们记录下细分的层次，以及细分出的所有创意点。以“点”叙事，以“点”与“点”的关系叙事。由此我们不仅需要思考每一个方案的尺度、加工工艺、造价、加工周期，还要同时考虑所有方案的整体性。

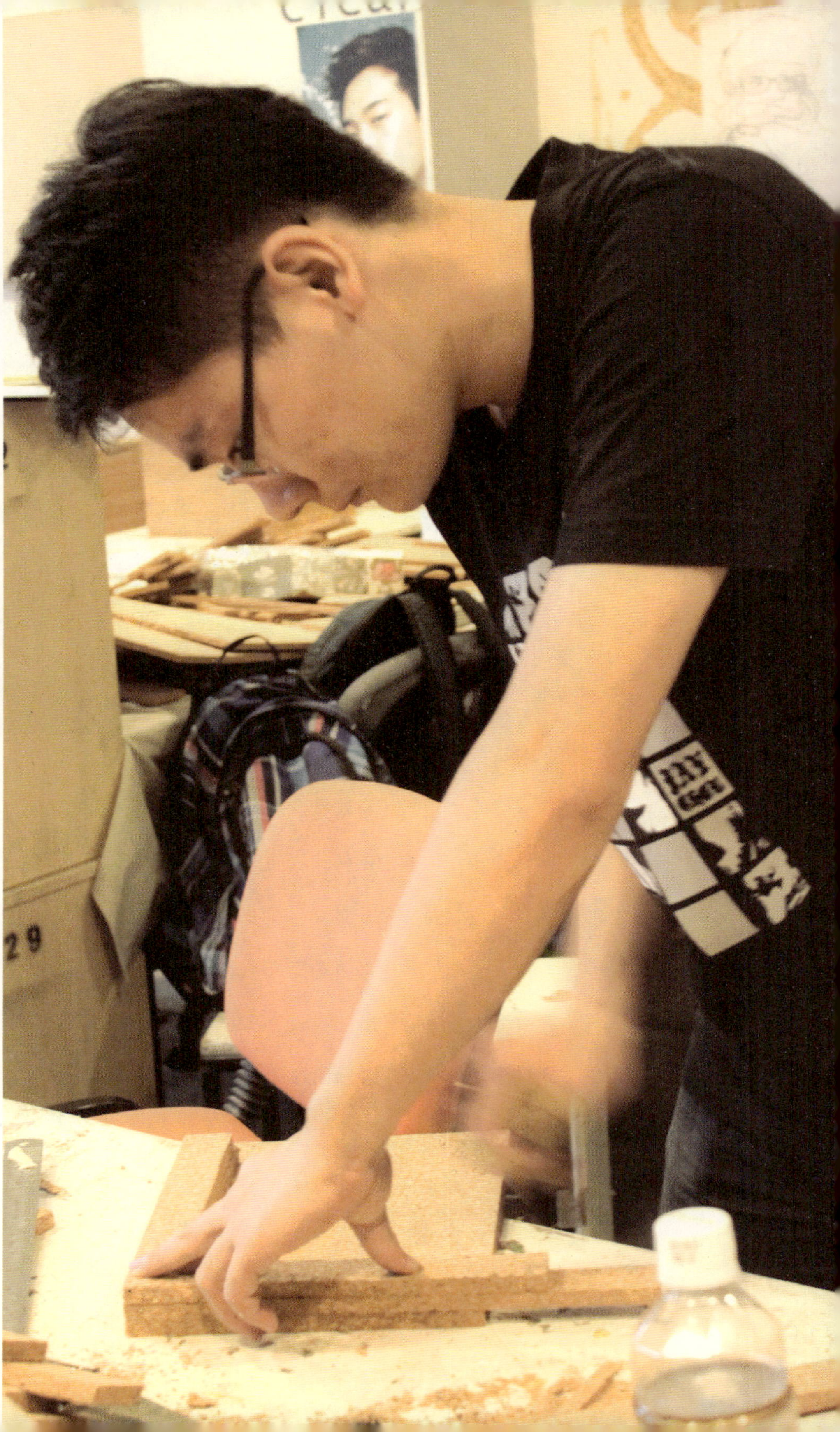

我们在所有设想的20个多个点中，选取了12个作为重点继续深化。将它们逐一实现似乎不难。难的是以什么样的形式表达“点”与“点”的关系，以什么样的逻辑将这12个点整合排序。

每一个小组员都对本届材料营“穿越”这一主题有着独特的理解，也对12个点有自己的解读方式。如何将这12个点重新整合成为我们争论的爆发点。三小时的激烈探讨，甚至让我们意志一向坚强的“爽姐”甩泪离场。坚持与妥协的平衡点，就是我们组决定以“人的知觉”为线索将所有点整合，并将尺度控制在边长50厘米的立方体块中。当然，这还有待明日与老师的商讨。

9月6日

6日上午10点是与老师约定的碰方案的时间。原本想让老师见到大部分草模的想法也由于昨日漫长坎坷的探讨变为幻想。想必老师也会有些许失望吧。在我们阐述了昨日的讨论结果后，傅老师、崔老师、谢老师也加入讨论，帮我们定下诸如展览方式、展场布置、展品尺度等大的基调。

最终我们组决定以90厘米的立方体块与30厘米的立方体块两种尺度来完成作品。这是综合了不同的方案特点与展示效果决定的。我们还舍弃了一些不易实施的方案，遗憾。小

组成员各司其职，进入制作阶段。

9月7日

在经过前几天对于主题的讨论、加以完善逻辑的紧密性后，最终将目标定格在人自身的感觉之上，即五感，由于材料所限将味觉抛弃，对于四感的研究和表达成为我们这几天的首要任务。刺痛感、温度、跳跃感等抽象的概念都要以软木作为基础材料进行表现。

今天最先试验的是气味的表达，我们将软木堆砌成一个300毫米见方的立方体，到工地请工人师傅用高温火烧软木块，但事实证明结果并不是想象中燃烧产生的强烈变形等特殊情形，而是只有表面变焦成黑色而内部毫无损伤，这让我们充分了解了燃烧等级B级的效果，也对软木这种环保材料有了深层的了解。材料的研究不能仅仅局限于只靠看来了解它，而是应该解剖它、分析它，充分挖掘其自身的潜力，这就是今天试验对我的一点小小的启示。

9月8日

今天一早就将在地下机床切割的软木板取回，与我们想象的有很大差距：误差，粗糙的边缘，接口的处理，以及内部结构的支撑等问题一一呈现出来，经过老师们给出的建议加以讨论，我们选择密度板作为内支撑贴在软木内侧，用U胶和大头针混合使用加强拼贴的强度。今天的任务是完成钉板的制作，这是一项看似简单但摧残肉体的活动，软补板本身柔软但由于颗粒压制强度大很难将钉子穿过，中央美院室内专业的韩国留学生金嘉熙同学也因此磨得满手水泡。

9月9日

今天依然是紧张的一天，基本是安排调整作品和布置展场，没有时间再给制作留余地了，可是还有一个盒子的制作有着相当的工作量。上午的时候主要是切割“城市”的小方块，这个工作比较枯燥，就是不停地切切切……

怎么让最大的两个盒子立起来，成为我们当前最大的问题。其实，这个问题很好解决，做个架子支撑起来就可以了。可是当时的情况没有考虑到这个问题的重要性，最初决定用密度板搭个架子，感觉密度板的结构可以支撑起它的重量，但是后来发现，密度板在没有角钢这些辅助零件的帮助下，很难固定。思前想后，还是乖乖地去买了木条钉框子，果然结实多了，只是工程量又大了，还要贴表皮，直到凌晨四点，打造完成，收工回家睡觉……

9月10日

时间如白驹过隙般从我们身边匆匆而逝，作为参展前的最后一天，我们每个人的心情在兴奋之余不免有些紧张。辛苦奋战十余天的成果能不能顺利地以完美的姿态展现在大家的眼前成了我们最为关心的问题。在最后的有限时间内，大家都争分夺秒地辛苦加工，这个问题在大家的共同努力下得到了完美的解决。

由于提前考虑到运输的问题，我们特意将作品尺寸作了严格的控制，从而在运输过程中没有遇到任何问题，这令我们都感到高兴和欣慰。为了能将软木的特性发挥到最大，我们对于题目的理解从不同角度进行诠释，这样的展示形式也是我从未接触过的，这对于我们每一个人来说都是一次创新，也是一次挑战。每一个同学都有着精彩的想法，每一个设计都有着动人之处，当无数的灵感交织在一起时，我们的设计便应运而生。这十余天内能够和来自不同大学的同学们一起讨论，合作是一件很愉快、很难忘的经历，这份记忆会被我们小心珍藏，并且历久弥香。

2011年9月11日　开展

9月11日

经过十余天的学习、合作和创作生活，终于迎来了开展这一天。但在正式开展前，我们依旧忙碌着，我们一大早就来到展厅进行最后的准备，布置地面，调整作品的位置和角度，调节灯光，紧张的同时更多的是兴奋与骄傲。想到我们的作品马上就要正式发布，就像一个年轻设计师第一次发表自己心爱的作品一样，忐忑地希望得到别人的肯定与赞赏。

我们的作品凝聚着软木小组每个成员的热情与努力，付出与期待。同时也见证了在这短暂的时间中我们从陌生到相识，在合作中得到彼此的信任，在朝夕的生活中成为好友。也许通过材料营而结识的彼此才是我们收获的最大的财富！展览开始，在组长总体介绍过方案后，每个成员又对自己负责的部分进行了进一步阐述。在介绍每一部分的时候，我们仿佛又穿越回了激烈讨论又相互鼓励的创作和制作阶段。相信，这

段时光已经深深地留存在每个营员的心里。汇报结束，掌声响起，每个组员都激动不已，我们相互拥抱，合照留念，用心地把这一刻记录下来。

感谢老师们搭建了这个平台让我们可以尽情地展示才华，同时结识了这么多优秀的同学。特别是几位老师宝贵的教导和建议，也感谢软木小组的每一位同学，是我们一起的努力才创造了这段美好的回忆，和这件优秀的作品！这些永远是属于我们的珍贵财富！

作品名称：

穿越

作品概述：

■阳光透过清晨的森林，在空气中留下一束束光柱，梦幻而美妙。让光透过层层叠叠的软木板留下斑驳的光影，虚实相继。

■将上海、北京、首尔的微缩城市模型放入软木箱中，让我们的思绪开始穿越的旅行，视线在微缩的街道间游走。海内存知己，天涯若比邻。

■植物与软木的结合。将软木打碎与营养液结合，植物便可以在其中生长。观者可感受到植物的芬芳气息与勃勃生机。

■浴火重生。将软木制成的方体用火灼烧，生成一个特别的形态，留下火的痕迹和气息。

■将薄软木切成条，弯曲地排列在软木盒子表面，生动地体现其柔软的特性。

■通过击打软木，使软木内部的装置发声，声音透过软木传到我们的耳朵里。这种声音的波段是经过软木细胞过滤的，所以没有那么的尖锐和刺感，变为了一种柔软的、和缓的波段。该试验也展示了软木在吸声方面的良好效果。

■用钉子去刺软木，可能形成矩阵的直刺，可能完全没有秩序的穿刺，密度不同，手感也不同，体验不同感受的刺痛。

■将软木对折，随着力的不断增加，软木依原来的肌理断裂，断层自然，质感丰富，罗列在一起形成了丰富的新生肌理。

■将振动装置放置在软木方体中，通过按压来感受软木所传递的温柔的触碰。

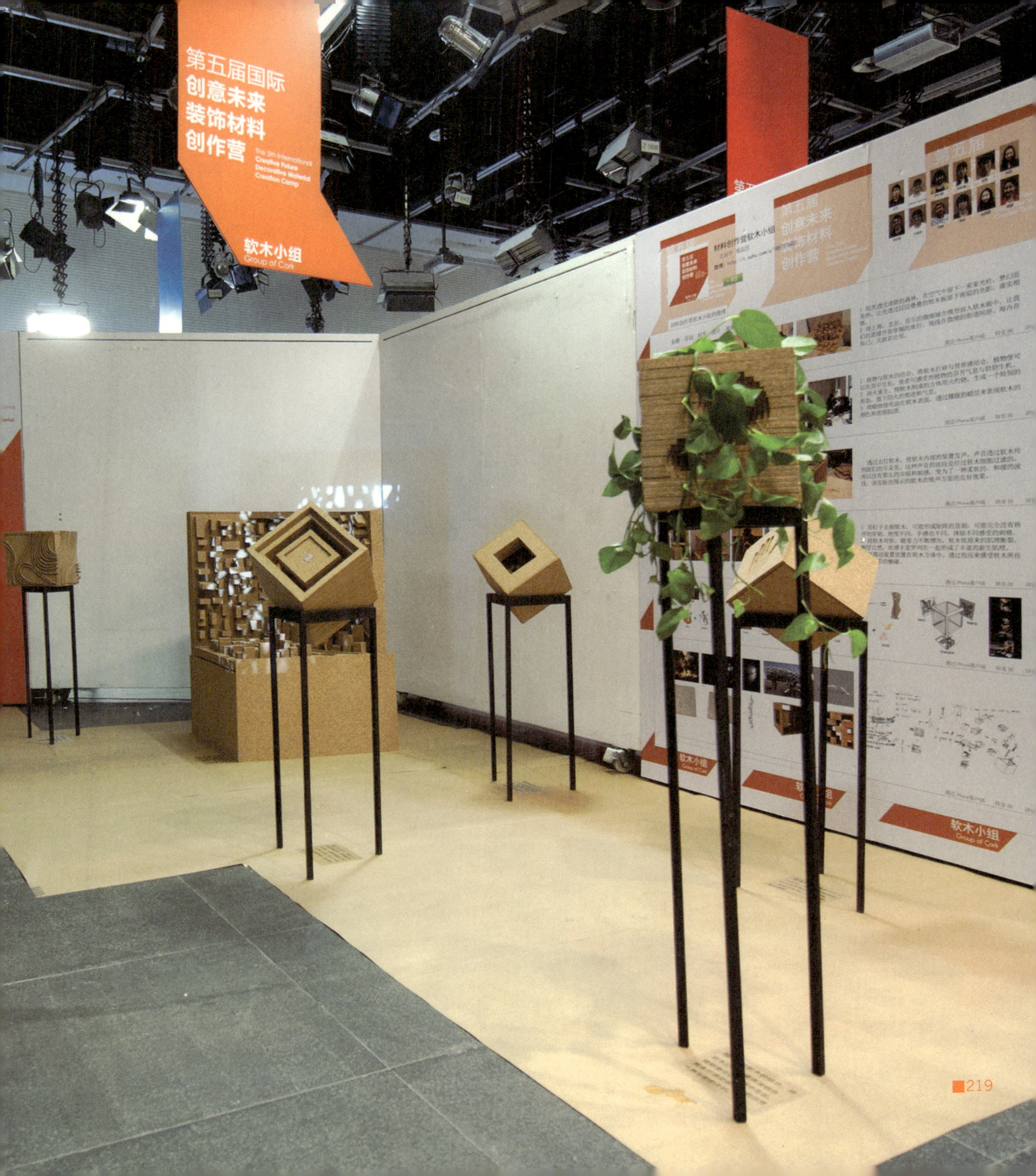
第五届国际
创意未来
装饰材料
创作营
The 5th International
Creative Future
Decorative Material
Creation Camp
软木小组
Group of Cork
软木小组
Group of Cork

3form小组

3form小组

带队教师：
杨冬江　赵虹　刘孜

创作营营员：
兰添——清华大学美术学院
杜敏侨——清华大学美术学院
张雪娟——清华大学美术学院
徐馨叶——清华大学美术学院
乔立功——清华大学美术学院
周逸夫——清华大学美术学院
刘伟——清华大学美术学院
张炫——天津美术学院
胡扬——天津美术学院
朱亚希——天津美术学院
王家宁——天津美术学院
刘龙学——韩国首尔大学

合作企业：
亨特制造（中国）有限公司

创作笔记

2011年8月30～31日　参观调研

8月30日

今天早晨，清华大学美术学院洋溢着欢乐的气氛，第五届清华美院材料创作营开营仪式就在此举行，郑曙旸教授发表了热情洋溢的讲话。会后，我们与清华美院的同学见了面，并作了自我介绍。在我们这支队伍里，有一位来自韩国首尔大学的刘龙学学长，他是一名在韩国留学六年的东北人，汉语和韩语都特流利，让每个组员感到格外的亲切。此外，我们也跟带队的杨冬江老师、赵虹老师，以及刘孜老师见了面。刘孜老师是一名演员，甚是让我们感到意外。晚上，我们一起去品尝了韩式烤肉以庆祝大家的相识。

8月31日

早上我们被急促的闹铃叫醒，大伙儿匆匆洗漱，吃过早饭，就步行来到了清华美院。今天，我们要在五楼报告厅听取各个赞助商的材料介绍。报告很精彩，经常会有互动，让我们学到了很多东西。

中午我们在报告厅里吃的午餐。下午的报告一直到5点，接着我们进行了分组讨论，初步只有一个构思，那当然是不行了，于是，老师要求我们每个人想出一至三套方案，第二天拿来进行分析比较，作出决定。

晚上带队的杨冬江老师请我们吃饭，很开心，小组之间的关系越来越融洽了！回宿舍的路上，老乔和刘龙学两位研究生大哥给我们谈了他们的求学之旅，我们受益匪浅！

2011年9月1～3日　概念研讨

9月1日

昨天晚上，我们准备了一些富有创意的构思，用于今天早上的个人汇报。经过每个人的简短阐述，我们惊奇地发现，大家的想法各有各的优点，各有各的亮点！经过一番讨论，刘伟组长把大家的设计想法汇总成五个大的方向，有艺术、自然、神秘空间、逻辑概念和哲理概念。其中，大家都很喜欢小叶同学的雾气方法，因为可以造成梦幻的感觉。

下午，杨老师和赵老师来看我们的方案，他们比较偏爱组长刘伟的想法：用鱼线穿插，交织构成。差不多下午3点，我们决定针对刘伟的方案进行深入的细化研讨。最终组长给每个人分配任务，晚上回寝室完成。

9月2日

这一天，我们所有成员的全部精力都用在做PPT上。天津美院的同学们负责绘制草图。他们的绘图能力受到老师和同学们的肯定。不过，讨论中，仍然存在分歧，今天早上，大家本以为会继续下去的方案，出现了转折，两名组员提出异议，觉得组长的方法不切实际，此时，大家又陷入了沉思。组长好像在思考的过程中，出现了妥协的感觉，放弃原有的想法，转而支持新的方法了。这就意味着，前期的讨论付之东流，我们得重新开始了。

晚上，大家围坐在电脑前讨论方案，一次又一次的否定，一次又一次的陷入沉思。我们需要一个共同点，需要一个核心想法，能把大家的想法融入到一起。七八点钟时，我们初步有了些想法，于是回到了自己的寝室，再次构思，准备第二天给老师看。

9月3日

今天一如往常，天津美院的同学负责绘制草图，清华大学的同学负责虚拟建模。因为今天下午有一个直播汇报的过程，所以，前期的图片准备需要相当充分。几个小组组员给刘组长提相关的问题，以免老师提出的问题无法回答。组长还是有些紧张的，他中午饭吃得不多，就匆匆地赶往现场了。等我们赶到搜狐大厦，来到直播厅时，发现实际的样子与我们想象的完全不同。所以，会给我们减轻很多心理负担。

我们是第四个上台进行陈述的，杨冬江老师对我们组的汇报方案提出了很多施工工艺方面的问题。会后，杨老师把我们带到一个会议室，与我们进行讨论，他觉得我们的想法存在很多不可实施的问题，所以希望我们尽快改正。我们采纳了老师的意见，并马上开始进行调整。

2011年9月4～10日　创意制作

9月4日

今天早上9点在清华美院的教室里集中，大家都很准时。老乔也来了，这让每个人看到了希望。组长说，昨天晚上杨老师来过教室，他跟老师阐述了新的方案，老师不同意用方盒子叠压的方式。这可让在座的各位的希望又一次破灭了。我们讨论了一会儿，来自韩国首尔大学的刘龙学认为，每个人还是动手做做，看看是否能做出来。王家宁带了头，用木条编制方法做，效果还行。

下午的工作仍然是动手制作，几个人一组，做方盒子的、编制的，等等。在这个过程中，有的同学割伤了手指，却依然在制作，精神可嘉！大约下午四五点钟，老乔从外面回来，我们开始讨论。方盒子的方案还是没有采纳。老乔和组长觉得用编制的方案不错。我们只有等明天老师定夺了。

9月5日

今天我们把新的方法阐述给老师们，因为无法与我们之前的穿越主题相串联，老师们觉得还是不行。不过还好，在老师的帮助下，我们有了新想法。刘龙学提出一个大家都比较认可的方案，老师们要求我们抓紧时间做。于是大家被组长分成了三组进行制作，两名同学跟着组长一起来到了金五星建材市场购置材料。动手制作后，大家都觉得想象的远比实际的简单。所以做设计师，更应该与实际操作相结合。

也许是因为有了统一的想法，每个人的构思都能在新的作品中找到相似点，所以我们都劲头儿十足！团队合作重要的是交流，求同存异，取长补短，为了一个目标去奋斗。

9月6日

今天算是相当累的一天了，早晨八点十五便起了床。匆匆吃过早饭，走在清华大学校园内，感觉自己不知不觉已经成为了这所大学的一名学子。所以，告诉自己要珍惜这次难得的机会。

我们今天做得蛮快的，使用现成的材料进行拼接制作，效果不错。现在，我们像勤劳的蚂蚁，忙碌在两点一线间，工房和展厅已经陆陆续续出现了同学们辛勤制作的身影。特立独行的人还是有的，大家心知肚明。

晚上十一点钟，大伙儿围坐在一起，讨论今天的收获和感悟。真正的制作才刚刚开始，我们虽然疲劳，但是还是要努力去完成，因为我们是一个团队——3form小组。

9月7日

昨天应该算是最累的一天了，回到寝室时已经是凌晨了。今天又起了个大早，兵分两路，一路同学去金五星建材市场买材料，其他人回到清美的工房打磨材料。大约11点钟，我们跟杨老师简短地汇报了工作的进展。下午，一部分女生去工房切割新买的材料，另一部分去打磨。男生用电脑计算板材切割的尺寸，并去打印室打印出来。

晚饭后我们继续工作，男生们去工房开始切割板材。这是一份辛苦的工作，有两块板材放在展厅，需要人工搬到工房，这可是相当艰难的，男生们倾尽全力，硬是一步步把两块沉重的板子搬到了工房。切割完成，差不多也十一点半了。任务算是告一段落，大家辛苦了，明天还有任务，再接再厉吧！

9月8日

这几天的工作强度很大，但是大家都很投入，今天早上碰面以后，同学们马上就各司其职，刘龙学和刘伟又去了建材市场购置材料，女生们留下一遍又一遍地清理蓝色小块儿。

中午，买材料的同学回来了，一部分同学集中在展厅，负责蓝色小块儿的拼接，另一部分同学则去工房加工板材，一直忙到凌晨。中途，我们去展厅开了个简短的会议，为的是把明天的展板内容串联一遍。看到每个人辛苦的样子，觉得集体的力量是无穷的，感谢清华美术学院提供这个宝贵的机会，让我们彼此了解，彼此合作。

9月9日

今天天空很晴朗，很明显秋天正在一步一步向我们走来。我和刘伟、胡扬一起去了工房，留下亚希他们在系鱼线。我们在工房一直忙到下午四点。刘龙学也来了，参与了工作。我们分两次才把板材从C区工房运到A区展厅。后来杨老师来了，他给我们指出了一些问题，希望我们尽快改正。大家决定把一部分展示撤掉。我和刘伟去工房送东西的时候已经晚上九点了。本来我们打算送完东西就回去，但是组长认为我们应该把剩下的材料都用上，于是，我们商量了一下，又一次开始加工板材了。

晚上的工房很热闹，都是3form小组的成员，干劲儿十足！迎接明天的展示。

9月10日

今天是布展的日子，大家的斗志更加高昂。小组的成员们来得都很早，集中力量作最后的冲刺。早上八点多，物业人员把那个钢丝网装置撤了下来。这样一来，所有的工序都可以继续下去，我们又把地毯铺到了地上，把作品组合在一起，使整体效果看起来更加完整了。

然而，这时候问题却出来了，那些被撤下来的蓝色小块儿如何处理，这可急坏了很多人。我们大约忙乎到了晚上七八点才最终完成，看到大伙儿高兴的面孔，以前的不快都烟消云散了。希望以后还能参与这样的合作活动，感谢清华美院组织这个活动，感谢杨冬江老师，感谢所有支持我们的人！

作品名称：

穿越

作品概述：

创作由材料属性的分析入手，使用重复性的单一元素，将简单的元素组合成复合形态，变有形为无形，并充分挖掘其柔和精致的特性，构建由二维到三维的穿越。

其平面预示生命时光流失的穿越，通过螺旋的造型将它进一步衍变为丰富的形态，三个穿越构成了整体设计的中心部分，含蓄内敛并不过分张扬，与其他两种材料结合，相得益彰。

第五届国际
创意未来
装饰材料
创作营
The 5th International
Creative Future
Decorative Material
Creation Camp
3form小组
Group of 3form

木板材小组

木板材小组

带队教师：
彭军　　王强　　聂影　　石硕

创作营营员：
庞雨珊——清华大学美术学院
吕帅——清华大学美术学院
王紫薇——清华大学美术学院
李光宇——清华大学美术学院
石俊峰——清华大学美术学院
周旭——清华大学美术学院
张俊超——清华大学美术学院
张系瑞——清华大学美术学院
周哲婷——清华大学美术学院
王译晗——上海大学美术学院
朱莹——天津美术学院
彭奕雄——天津美术学院
Yoon Hae Hwan——韩国首尔大学

合作企业：
巴洛克木业（中山）有限公司

创作笔记

2011年8月30～31日　参观调研

8月30日

今天上午是创作营的开幕仪式，集合时看着进进出出的那些新面孔，有一种感觉就是我们这次的交流会认识很多朋友。果然，在开营式结束后每位组员相互介绍了自己，很快大家就熟悉起来了，并开始憧憬着接下来的几天的生活。

吃完了活动准备的自助餐，我们就来到了生活家巴洛克地板的公司进行参观，那里的工作人员向我们介绍了这次我们将要面对的三种不同的木地板。第一种是石塑地板，它是一种可以弯曲、防水的人工地板；另一种是很传统的实木夹层地板，虽说是传统，但是它们的加工工艺各有不同，比如人工打磨木纹的那种地板就比没

有经过人工打磨的地板要好很多；最后一种是强化地板，采用人工加压制作，强度很硬的地板。

在观察那些地板样式的同时，我们每个人就开始不停地讨论这个方案该怎么做了。并当场开始讨论分为三个方案组，进行接下来方案的思考。从厂家回来，组长大概给我们布置了晚上思考的任务之后，大家解散，劳累而紧张的第一天就这样度过了。

8月31日

上午九点半，我们统一服装到C525教室听各个材料赞助厂家介绍不同的材料，讲座时间很长，但是大家都收获很多，不光了解了自己小组的材料，同时也了解了其他小组的材料。下午，我们的材料被运到了展厅，大家看到经过航空快递先到的石塑地板很兴奋，于是相互摆弄着，并在地上摆出穿越的汉语拼音首字母。

2011年9月1～3日　概念研讨

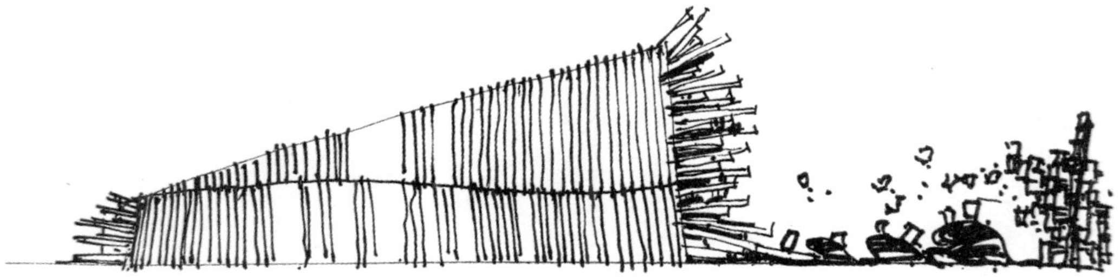

9月1日

经过昨天的思考，今天上午九点半，我们小组就聚在一起展开讨论，气氛既轻松又认真，主要是针对木地板材质特性的思考。目前看到的木地板是石塑地板，很软，可以弯曲，我们就猜想能否用石塑地板做曲面？但是再往下讨论，我们就开始担心用石塑地板做曲面会和软木小组的表现结果很像。

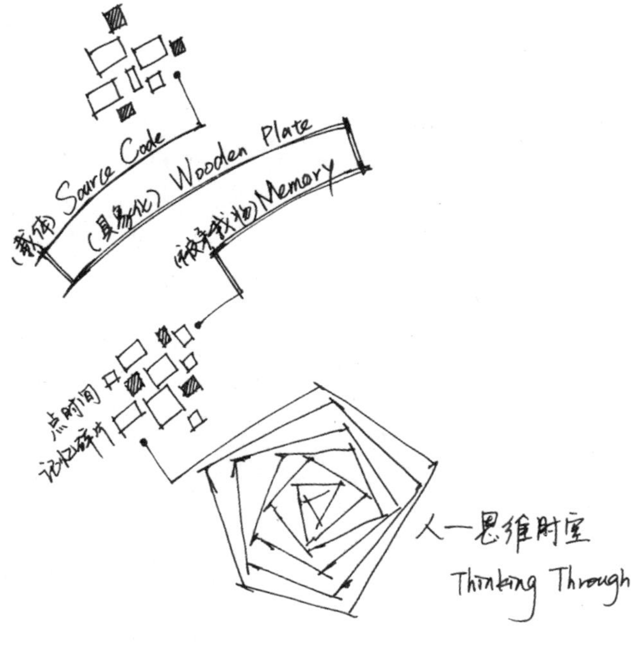

对石塑地板的想法并没有放弃，我们暂时搁下这个想法，开始思考传统的实木地板，往年的同学面对实木地板常用的手法都很类似，差不多都是十字搭接的方式，我们特别想突破这种固定思维，尝试如何用直的地板表现曲面或者某种柔美。讨论到在里，大家似乎都很赞同，因为大家都认为“穿越”这个主题本身就是一种非常态的物理现象，应该将材料表现得特殊一点。

对“穿越”的理解，我们几个人都想到了类似于漩涡状的时光隧道，或者是一种时间或者空间被扭曲的感觉，人的感受就是被吸入并且被扭曲。所以我们决定做一种有进深感、吸入感、扭曲感的木质结构，传统木地板的硬度本身就有做结构的特性。当然，另外两个小组中有一个小组和我们的想法不谋而合，还有一个小组的方案也挺有特点，就是迷宫。

下午一点半，我们给老师们作了第一次方案汇报，聂老师和王老师觉得每个方案都很有特点，都挺有意思。对我们进行多次表扬之后，开始提出我们想法的一些不足和给我们的建议，王老师特别强调让我们继续思考如何进行搭建，特别是细部节点的处理，聂老师也给我们提出了很多质疑，这是我们平时做作业都想不到的一些问题，现在都暴露出来了。同时，我们还要考虑制作时间和工作量，以及花多少钱能实现等问题。种种问题等待我们想出解决方法，否则，我们的方案就无法实现。带着这些问题，我们又一起来到展厅进行测绘，开始思考展览作品的尺寸以及一些细节问题。

9月2日

面对昨天提出的种种问题，我们各自寻找种种解决方案，并找到一些节点等意向图片作参考，再一次跟老师汇报。上午十点多，每个组给老师汇报完后，老师认为每个组仍然面临着不好实现的问题，特别是旋转木构架和方形盒子这两个方案，不仅节点复杂，同时工作量也挺大，但是老师觉得每个方案都不错，并且还有时间继续优化设计，干脆每个方案都选中作为9月3日的汇报方案。听到这里，我们心里既高兴又担心，高兴的是方案的趣味性和创新性很强，就是担心怕找不到更好的实现方法，导致最终放弃。

下午，我们就集中到一起，开始讨论，计算工作量，进行方案优化，最后组合成两个大的备选方案，大家开始了第一个熬夜，准备第二天下午的概念发布会。组长根据每个人的长处，给每个人都安排了任务，有人负责用计算机软件计算分析模型，有人专门负责渲染，

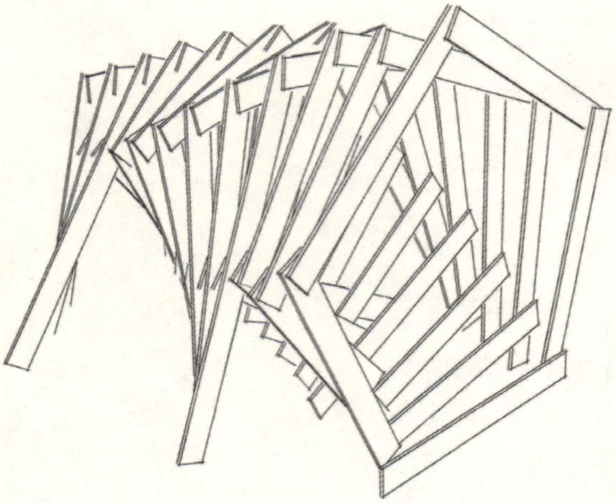

有人则准备PPT框架，有人就思考如何阐述方案。大家相互合作的同时也并没有忘记娱乐，最后大家很愉快也很顺利地将方案的各种图和分析组合到一块，我们的团队真正做到了工作高效并且配合愉快，当其他组还在为方案吵架时，我们已经开始拿着iPad玩起来了。

9月3日

虽然我们昨天晚上加班把PPT做完了，但大家仍然没有放松和怠慢，仍旧上午十点来到教室一起再梳理一遍，最后讨论如何展示，都由谁来说那些内容，老师有问题该如何解答，把多种情况都预想了一遍。

下午，我们从容地进入了概念发布会现场，团队的每个人都已经做好了准备，充满自信。其他小组介绍完方案后，轮到我们了，我们的展示跟我们预想的一样，很顺利，很成功。我们的方案做得很充分，也很丰富，激起了每个老师的兴趣。当然，傅老师也给我们提了一条宝贵的建议，对于Grasshoper软件，她建议我们考虑一下如何与实际的结构相互配合，并将理想的结构变成可能。汇报完之后，聂老师又一次地强调我们的工作量和工作时间的把握。

晚上，大家根据老师提的建议，将方案的结构进行了一次质的优化，工作量大大减小，将结构改成了弹簧型，连接方式用螺栓连接横向的木板，每块相差两度，每圈相差十度。讨论完后，我们用电脑立即就模拟算出了模型的角度、每块的长度以及总模板数。

2011年9月4～9日　创意制作

9月4日

方案昨晚定下来了，剩下的就是采购材料。我们分了两个小组，一个小组负责去五金店购买不同种类的螺栓，第二个小组根据计算的材料数和讨论的尺寸，去生活家木地板厂家预定材料。大家在外跑了一天，将需要的材料都准备好了，准备明天作结构的初步试验。

9月5日

上午九点半，我们拿了十块木地板和买到的不同规格的螺栓来到地下工房。根据计算机模拟的角度和长短进行前两圈结构的安装试验。一开始，大家都还没有找到加工的方法，也不清楚哪种螺栓更牢固。木板长度和体积较大也不好加工，在这种种困难中，我们先一个一个地解决。

艺术家工作

首先我们制作了一个106度的角度模板，用它来控制两块板之间的角度，然后就是量好木板打孔的位置，最后需要将打好孔的木板用螺栓连接。每一步都需要三个人合作完成，同时每一步与上一步更需要很好的配合。由于弹簧的螺旋结构相互联系在一起，真是一步之错就满盘皆输。于是，我们男生将打孔、连接木板的重活全部包揽，剩下的测量尺寸、量好打孔位置的仔细活儿就交给了女生。一个团队，就这么像流水线一样，一个小时就将结构的试验品做完了。

试验很成功，我们都迫不及待地准备开始大干一场，但是我们的木地板的大量材料还没有运过来，只好先等着。

9月6日

今天木板材赞助公司将我们的材料运到了。等把材料搬到工房已经是晚上六点多了，可是我们并没停歇，吃完饭后立马就开始了工作。

晚上，我们先按照之前的工作流水线，根据模型的尺寸，将每块不同长度的木板进行测量和标记，一块一块地编号，一块一块地排好，就这些工作，小组成员就忙活了一晚上，十点左右，我们将所有的测量标记工作完成了。

9月7日

前一天晚上已经将所有的测量标记工作做完，我们上午九点不约而同地来到了工房。刚要开始进行打孔工作，我们就发现了一些问题，经过检查测量标记的木板，我们在中间发现了一些错误，由于木板数量太大，有两块木板的标记是重复的，导致之后的编号需要全改，有的木板打孔的方向出错，导致后面的也要跟着调整。经过一遍又一遍的检测核对，最后终于全部核对准确。

当然，只要核对好了，剩下的就是机械的工作了，一块又一块地打孔，一块又一块地固定角度。由于每块的打孔都要特别精准，加上木板数量很大，我们晚上也没有把所有的木板打完孔，只能将一部分木板运到展厅开始组装了。

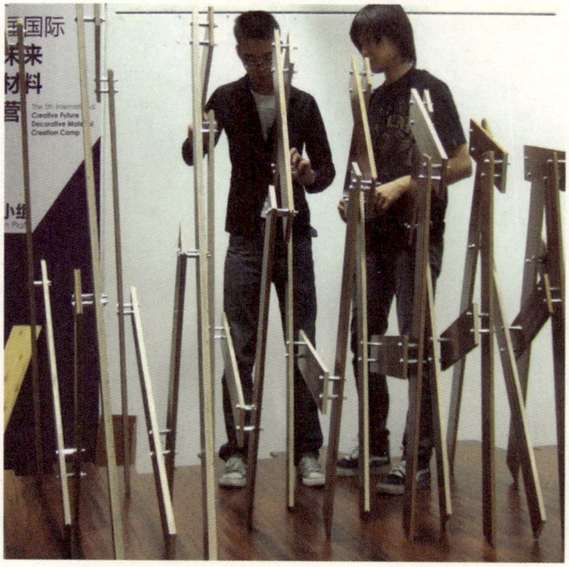

9月8日

今天我们的任务就是分头工作，展厅一个小组负责上螺栓和组装，工房一个小组负责继续打孔，剩下的一个小组负责运输和沟通。在这个过程中工作相对顺利多了。我们借到了展厅的展台，并在师傅的帮助下很快地组装起来。由于木材的整体结构体积很大，重量也很大，不可能先组装后再抬到展台上，所以我们将庞大的结构分组拼装，并且从后往前拼装，这样也大大地减少了我们的工作失误。

9月9日

今天是我们小组布展工作收尾的最后一天，主要任务是安装照明灯具和台面与地面的铺设。由于之前并没有完全确定好台面与地面的设计方案，今天早上才得以确定，我们决定充分运用台子固有的之字形的结构，夸张它向上弹起的感觉，我们创作一种木地板和作品从地面弹起，将地面撕裂的感觉。由于台面已经放上作品，但并没有在台面上铺设木地板，导致我们在台面铺设地板的工作又比较费力了，还好人多力量大，我们不断微调旋转木结构的台面接触点，最终将台面铺完。很快，我们用石塑地板将地面按照台面的负形咬合关系铺完了。

下午，我们的灯光师傅到了。帮我们安装完三个投射灯线后，我们又发现了一个很大的问题。给我们提供的灯具是预埋式的投射灯，所以就需要我们将它预埋或者固定到台面上，

但是，我们之前并没有想到这个细节，就算想到了，我们也不可能将台面开孔挖槽，这时，我们临时的决策就是用木地板搭接一个10厘米进深的木盒子做灯槽，然后将灯槽固定到旋转木结构上。这个方案很有效，同时很容易加工实现。

这些工作做完，我们的作品终于成型了。我们小组最快完成作品，同时也充分做出了预期的效果，这离不开长时间的团队合作，离不开每个人默契的配合，也离不开各位老师对我们的指导和帮助。大家都很开心。所以，我们提前完成了作品，最后一天团队集体出去放松了一下，也算是对每个人这些天辛苦工作的最后调整和奖励吧。

作品名称：

源代码

作品概述：

作品所表达的是漩涡状的时光隧道，一种时间或者空间被扭曲的状态。其结构是以螺旋为基础，每块木板都以旋转类推的方式相互搭接。木板之间的角度是与五边形内角相似的106度角构成，形成每圈的木板连接点与圆心相差10度。同时，木板与木板之间不在同一平面内连接，每两块木板之间的距离为2.7厘米，依次往后类推，连接方式是用两个螺栓连接横向的木板，每块板连接点之间的距离都比前一块少1.厘米，这样就形成了逐渐减小的同心圆，并形成自身的支撑结构。作品用木质本身去表现木板材，用扭曲的结构去解读穿越。

光环境小组

光环境小组

带队教师：
方晓风　　管沄嘉　　何崴

创作营营员：
李睿智——清华大学美术学院
雷雁南——清华大学美术学院
李慧思——清华大学美术学院
王圆圆——清华大学美术学院
朱盼盼——清华大学美术学院
郑义——清华大学美术学院
霍扬文——清华大学美术学院
刘爽——天津美术学院
曲云龙——天津美术学院
王雅宣——天津美术学院
Song Dayoung——韩国淑明女子大学
Kim Myo Shin——韩国淑明女子大学

合作企业：
广东东松三雄照明股份有限公司

创作笔记

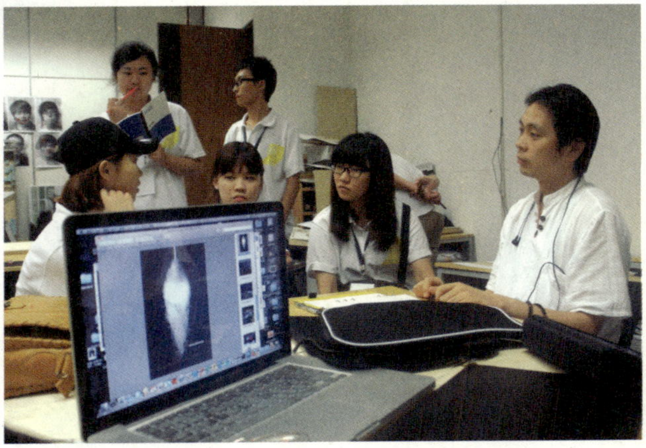

2011年8月30～31日　参观调研

8月30日

今天是创作营开营的第一天，大家都很兴奋。在开营仪式上我们认识了许多新的朋友，大家凑在一起，很快就熟悉了。

仪式结束后，我们马上就召开了小组会议，主要是先熟悉照明产品的特点和性能，赞助商给我们提供了很多的产品资料，让我们大开眼界，我们也观摩了一下前几届创作营同学的作品，做得真好啊！大家摩拳擦掌，信心百倍，对未来的几天充满期待，相信我们也能做出令人满意的作品！

2011年9月1～3日　概念研讨

9月1日

我是清华大学的韩国留学生李睿智，这次材料训练营是多校联谊的活动，还有来自韩国的大学，我们组有两个韩国的同学，我能给她们当中文翻译真的很高兴。这样我们组的交流就便利了不少，我们的观念与中国同学的很不相同，碰撞在一起可以激发出很多有意思的火花。

虽然说我们来自不同的国家，但是大家在这几天里合作得十分愉快，她们和我的中国同学们也结下了很深的友谊，我真心希望这种训练营可以多举办几次，也希望下次可以邀请中国的同学们到我们韩国去。

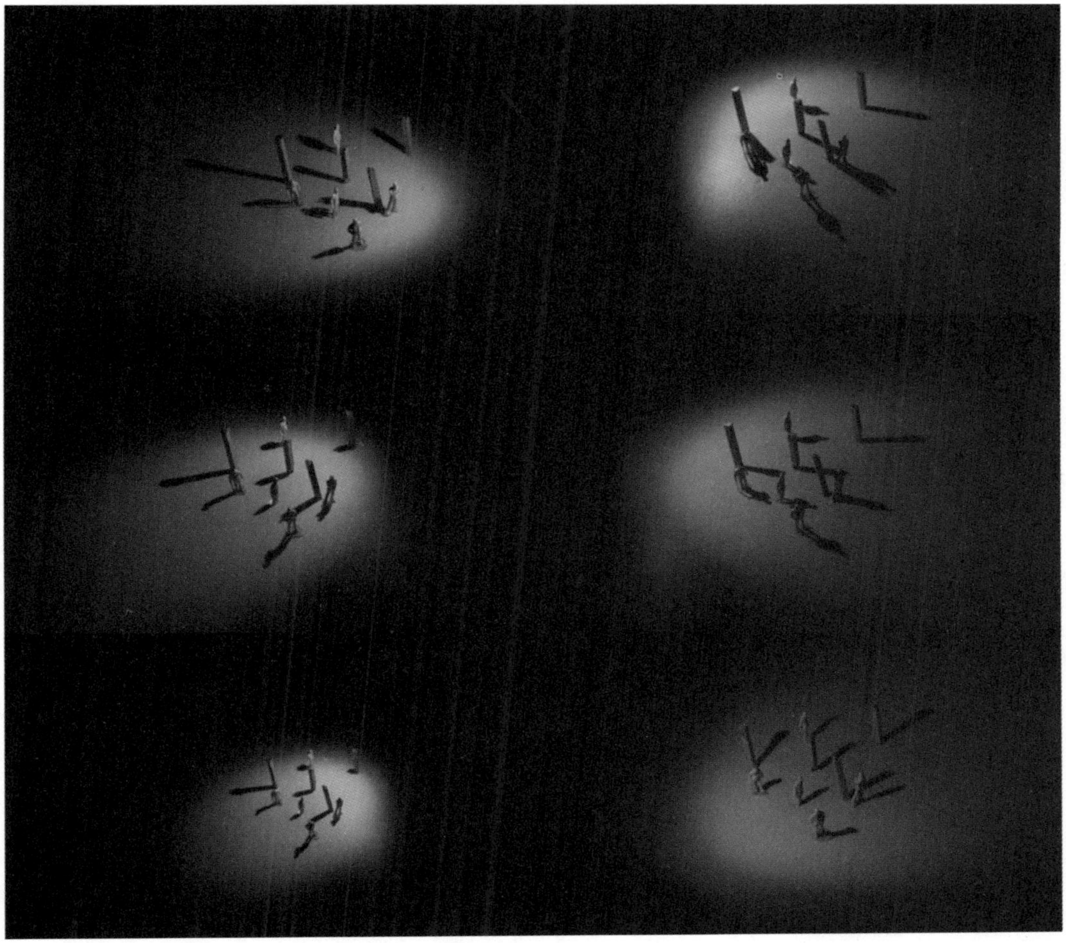

9月2日

今天心情不错，因为我的方案得到了同学们的认可，我是一个留学生，汉语说得不太好，所以在语言表达方面做得不是很好，但是大家能积极理解我，帮着我把方案理顺出来，我很感谢大家。中午带着来自韩国的学生去食堂吃饭，也让她们感受一下中国大学的食堂吧，她们不会说中文，但是从她们表情上来看她们一定觉得味道不错。紧接着，从下午直到晚上，大家几乎都没有休息，晚饭也是简简单单、匆匆忙忙的，大家好像都完全投入在了方案的修改当中，看着每个人都在辛苦地工作，我也不能落后，我相信最后一定可以做出让人满意的作品。

9月3日

今天要去搜狐大厦进行方案发表，之前一直怀着忐忑的心，因为我们光小组实在是难以下手，别的组都有实际材料作为基础，而我们组的是看不见、摸不着的光，并且就在汇报之前对自己的方案发展也不是十分肯定。直到汇报结束，老师们的反映还不错，心里的一块石头总算落地了。

结束汇报后，我们在清华科技园的中庭休息，以讨论方案为由坐下聊天，因为总算汇报结束了，像是踏实了一点，但我们都清楚，真正的制作和方案落实还没开始，真正的困难和挑战在等着我们去面对，但阳光的心态是好的，至少快乐地度过了这个结束汇报的下午，感受了北京爽朗的秋天。明天一大早，继续工作！

2010年9月4～10日　创意制作

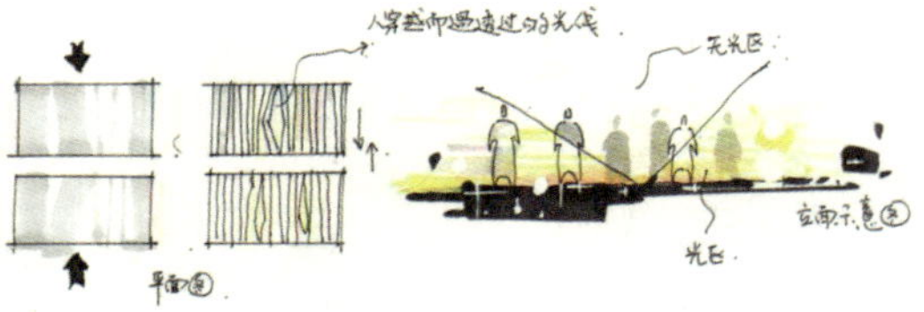

9月4日

今天是创意概念提交后的第一天，其实我们组的创意概念方案并不很充分，小组的同学们都有很多想法，但是每个想法都不够成熟。我们继续深入和完善我们的方案，将大家的好的创意融合。

材料创作营的活动不单是考验我们对材料的创新，更重要的是我们协作的能力。我们有争论时的针锋相对，也有认同时的开心喜悦。我们小组成员的共同努力得来了满意的创意。老师们犀利的指导也使我们豁然开朗。

虽然我们在一起只有短短十几天的时间，但是每一幕都是值得我去记一辈子的，我们一起笑，一起玩，一起思考，一起熬夜，一起看国足比赛，一起克服困难……

9月5日

过去的几天，我们进行了方案讨论和概念发布，前提工作基本上告一段落了，现在进入正式的制作阶段，作为主办方清华大学的学生，我们理所应当地负责了外出买材料和制作构件的工作。下午我和慧思来到了位于大钟寺的好安居建筑装饰材料市场，寻找可以制作架子的材料和店铺，最后选定用不锈钢材料，但随之而来的问题是如何用有限的经费制作出工艺精细而结构稳固的不锈钢框架，而且要避免上当受骗，我和慧思走了5家店，最后终于以150块钱制作了一个2300毫米×2600毫米的钢架，虽然在缠上松紧带之后有变形，但是架子焊接做得很好，没有发生断裂的情况。

我们学生很多时候是被困在了学校，理论与实践产生结合的机会太少，所以我们才会面对做架子这件小事而手足无措，不知道用什么材料和连接方式会使架子稳定而坚固，通过好几次去建材市场的经历，我们深知自己还有很多不足，并会努力改善。同时我们在这次训练营中收获了很多快乐，与来自天美和韩国的同学相处很开心，于是制作时的辛苦就显得

微不足道了，每个人都在用心地工作，大家也建立起了深厚的情谊，害怕材料营结束的时候会不舍得分别。快乐是最重要的，与大家在一起工作，我很快乐。

今天我们的任务是选材料，经过前几天的讨论和研究，我们初步定下了几种材料，于是决定先去市场调查一下。我们来到金五星建材中心，首先决定位于展厅进出口通道结构构架的选择，最初，我们选用的是钢架焊接或者木结构搭建，经过调查材料的韧度、可实施性和价格等情况，我们决定将钢架作为首选。接着是构架上的装置的选择，我们需要的是一种人可以穿梭的屏障类的设置，所以材料主要在绳子、松紧带及布条等一类的范围中。我们将几种物品买回试验后发现，绳子较紧、较硬不利于人的穿梭，布条又过于粗糙没有光透的效果，于是我们选择了透光性较好且松紧性好的白色松紧带。接下来就是实施阶段，希望明天一切顺利。

9月6日

转眼就到了材料训练营的中期了，昨天郑义和慧思把架子买了回来，大家正式进入了制作阶段。我们一个个摇身变成了“织男织女”，大家惊奇地发现组里的爷们个个心灵手巧，便打趣道现在社会已经变成“男主内，女主外”的调调了。我们工作得很开心，还不时出现一些粗心的小插曲，后来都成了笑料。

当然，也会有意想不到的问题出现，比如架子绷得过紧断掉了，不过都一个个迎刃而解了，还记得当时都信誓旦旦地说，一定要尽快做完然后空出最后一天一起高兴一下，有这样的目标，干起活来都超有动力呀！

9月7日

当初并没有觉得光环境的设计有多难，后来接触到材料，发现光源只是最基础的集中。又不能大量利用材料来营造效果，这样会反客为主，在构思的过程中，我们想到了很多方案，不停地构思，不断地否决方案，总是找不到最佳的办法。也许是我们的讨论方式不是特别合理的原因造成的。大家一起跑市场买材料，一起聚餐讨论方案，一起熬夜，同学关系越处越好，他们要走了还真是舍不得，每一次活动最可贵的就是结交到一帮好朋友。在制作的过程中，我们也遇到了好多难题。这种大尺度、真实的材料的应用，让我们碰了很多钉子，例如焊接的问题、电机的问题等。材料训练营不仅仅是让我们了解到本组的材料特性，也让我们更了解现实建材市场的一些经验。

9月8日

材料创作营已经接近尾声，再有三天就开幕了，作为组长的我，压力其实很大，因为直到今天，电机的问题还没有解决，其实根本就不能预估最后结果的好坏，技术成了我们本次训练营的难度核心，虽然心里忐忑，但是还是故作镇定地和大家一起努力，因为这个时候才是最不能慌的时候，困难，什么时候都会有，重要的是我们要努力克服他，相信我们一定能在最后呈现出一个满意的结果。

再说说这几天和大家相处的感受吧，组里很国际化，两个韩国的大学的学生，一个瑞典留学生，还有一个韩国留学生，大家英语、汉语交叉着用，真是够锻炼人的。过程中不同文化熏陶下的思想相互碰撞，感受到了很大的不同。大家在一起工作十多天，最终不仅会取得一个看得见、摸得着的成果，更能收获一份友谊。

9月9日

今天基本搞定了，安装了低速电机，构思了图案，场地的遮蔽也做好了，感觉一切变得轻松了好多，看到曙光了！哈哈！但不定因素还是存在的，比如，灯跟灯罩的接口旋转处是否耐热，是否会磨坏？这都需要注意，不能前功尽弃啊……

晚上大家集体出去吃饭了，回来之后继续细化整个方案的实施，包括如何让空间看上去没有那么空……这是一个一直困扰我们的问题，做得纯粹了，但同时显得空旷了。预计想法是铺白沙和摆置实体障碍物，将影和实物相结合，构想不错，明天做出来看看！

9月10日

今天展览开幕，为期11天的材料训练营就要结束了，心中有诸多感慨和不舍。早晨所有参与的老师、学生在A区多功能厅参观了各组的最终成果，每个组的同学都有自己的风格，材料多样，立意新颖。我们是光环境小组，但却是用光最少的，我们用光影塑造了区别于其他组的空间，对这些天来的成果还是相当满意的。

在清华的这些天里，跟来自韩国、天津美院、清华美院、中央美院的同学相处非常愉快，这将会是我难忘的一段记忆。

作品名称：

穿越

作品概述：

利用光与影的关系，光动影变，置身于空间中，感受身边不断变化的光影。作品通过故事性的表述，给人以置身异度空间的穿越感。出入口的线性处理，用具象化的手法来表现光的瞬时感知，同时强调参与性，拨开–进入的连续性动作，给人一种穿越的心理暗示。通过旋转灯光投射在四周的影像是空间的叙事主体，描述了当人类没有了科技的武装，人类直接从食物链的最顶端穿越到了低端。我们营造出的这个空间，希望带给人一种原始的感受，用幽默诙谐的手段引出对自然的敬畏之情。

材料悟语

材料的理性创造

杨宇

在讨论材料之前，我想我们可以先从“工艺”这个词说起。我所毕业的中央工艺美术学院校名里就有“工艺”这两个字。通常被翻译成“craft”，但我想这并不能准确地表达“工艺”真正的含义。它所包含的是更广义上的“设计与技术的结合”。现在国内的院校也已经开始认识到材料训练的重要性。但是，我们通常对于材料训练，延续的是一种十几年前的类似构成训练，最为常见的概念确立方式是对形容词的选取。比如：高贵、纯洁、活泼、浪漫……这些设计概念。在此基础之上，用材料对这些词汇进行所谓的表现。但是这样很容易忽视对材料的理性分析，会使创作逐渐沦为表面形式的堆砌。如何去避免这种现象？如何通过形式到建造的内在逻辑去训练学生对于材料的表达？

在一二年级的基础教学中，造型是作为重点科目进行训练的。其目的在于培养学生对于形式的理解和把握。在这期间，材料的外部观感，如：颜色、质地、触感等是学生所应当大量接触的。而在四五年级阶段，学生应该侧重于从造型到建造的环节进行学习和研究。结构连接方式、材料的延展性以及加工手段等应成为主要学习内容。因为材料设计从来都不是孤立存在的，而是建立在合理的结构体系上，通过艺术创作，以科学的施工工艺，使之更符合审美与功能需求。技术在今天所包含的意义更为广泛。包括人工操作的手艺，电脑数控所实现的复杂切割技术，以及在车间内所完成的从切割到组装的面材的加工技术。而对所有这一切的理解的基础，都源于我们对“工艺”、对“材料”、对“逻辑”的解读。

材料营的活动持续了五届，从这些年的学生创造过程来看，我认为在短短的两个星期内，面对成熟的装饰材料，重点应当是鼓励学生去尝试发展一种特性或是改变一种特性，这样才会出现创造性的设计。实现造型的材料，有如做雕塑的泥土。只有将防火板这种材质最本质的特点找到，并无限强化，才能创造有力量的结果。正如原研哉在《设计中的设计》中所说："如果要将某一素材当成优秀的素材，第一步就是要把这一素材的特性无限纯化。"在这次的创作中，学生们并没有将具象的造型样式作为首要目标，而是试图将装饰板材转化为一种抽象简单的原始形态，采用一种特定的结构体系将其发展为多维度的形态变化。就防火板而言，颜色和材质是目前市场上的防火板所表现的最基本的两种特质。学生选用了红色和镜面两种典型性板材，红色与镜面的搭配实际上代表了静态的固有色和动态的反射影像的相互交叠。在单体构件组成具有空间尺度的形体的过程中，单体模块由于数量以及两种质地混合比例的变化会使形体的产生具有不同的节奏感。

所有的造型最终都将依附于结构，学生们选择了"插接"来实现单体的组装。"插接"是一种较为常见的结构形式，在中国传统家具和现代产品设计中随处可见。那么，如何用防火板来实现这样一种普遍的结构体系呢？这也是这次设计中的难点。在这次创作中，我想让学生们明白一点，任何材料的创

作都应当找到一种适应其自身特性的加工手段，只有这样，才能将材料本身的潜力极限发掘出来。由于防火板本身的质地非常脆，而且非常坚硬，普通的手工加工用的钩刀、木锯等工具根本无法切割出板材插接所需要的仅仅3毫米宽的空槽。学生们先后尝试了手工切割、手锯、木工电锯，最后都以失败告终。就在大家几乎绝望、准备更换结构形式时，学生们在材料市场找到了专门加工防火板的机床车间，并且以极低的价格进行大批量加工。根据学生提供的施工图纸，通过流水线式的加工生产出来的“产品”规格统一，精致，非常便于最后的组装。在这一过程中，学生对于材料的物理特性、材料的加工过程都有了感性上的认识。使通常作为装饰面材的防火板经过特殊加工成为具有独立结构体系的组装插件，并且充分展现了其薄度、硬度和丰富的表面材质特性。

这次材料创作，学生们更多地在关注材料本身，而不是试图在一开始就赋予材料其他的抽象意义。整个创作过程就是一个从形式到技术，再到形式的转化过程。而所谓的形式其实是一种隐藏在特定的结构体系内的逻辑思维的产物。材料充满了自身的美感和语言，只有真正地接触材料本性才有可能进一步地了解它，只有对于技术有更深刻的理解，才能发掘出隐藏其中的各种可能性。

角色转换

李存东

日子过得真快，转眼我已经参加两届创作营的活动了。每次接到冬江老师的邀请，心里就会产生一种学生时代准备参加夏令营那样的感觉，这种感觉会让我在活动前充满期待，活动中感受责任，活动后留有回味。整个过程跟每年都要过的那些有仪式感的节日一样，周而复始，历久弥新。我时常在想，材料营的魅力到底在哪儿呢？有一天我突然觉得有一点很重要，这个活动提供给所有的参与者一个角色转换的机会。

现实的生活把我们慢慢塑造出个性，也慢慢把我们固化在一种模式里，于是我们经常有想跳出来的冲动。参加材料营的每个人都能体会到这种短暂的跳出来的感觉，换句话说，都要面对角色转换的挑战。对学生们来说，他们会面对从理论学习到实际操作的转换、从图上设计到触碰材料的转换、从独自创作到协同合作的转换、从本校交流到跨校、跨国、跨界交往的转换，在种种转换中完成自我定位，完成学习交流，完成最终作品。过程中的收获从最终聚餐桌上的热烈气氛中就能感受到，相信这段经历会成为他们永久的记忆。

对我而言，这种转换充满乐趣。放下工作来到学校成了我这段时间的一种享受。不只是能感受到年轻人的朝气，还能见到学界的老朋友。带队其实是一种学习，分享想法的过程也是启发思路的过程。在跟杨宇和徐秀卿老师的合作中我感受到了他们的睿智、启发性和亲和力，在创意发布会上各个小组的想法使我有种想参与其中的冲动，在成果交流展上我惊诧于有那么多好的作品把本届活动推到了一个新的高度。尤其是光环境小组用最少的光源塑造了一个光影转换的世界、水空间小组可参与的装置艺术、木地板小组的结构展示方式、软木小组多维度的材料表现、3form小组的混合表现形式等都深深地打动了我。

说到我们的防火板小组，更是让我感到自豪。与去年全程介入的带队方式不同，今年我也转换了角色，只在几个阶段节点上提出了建议，保持闪开和游离的状态，倒是杨宇老师付出了更大的辛苦，同学们也更大程度地发挥了主动性和创造性。记得首次小组讨论过程中，我们关注到如何透过防火板多变的装饰效果，抓住材料本质的特征，不纠结于做出什么形态、表达什么象征、呼应什么主题，而是保持一种放松的心态和敏锐的洞察力。在随后的创意发布会上，我惊奇地发现同学们已经找到了防火板区别于其他材料的属性，它不仅能作为表面装饰材料，还有一定的承载力和柔韧性，正是这种属性使我们明确了创作方向，即不靠其他任何材料就能实现的自承重的空间结构体系。接下来就要确立基本单元和连接方式，可以想象的是，过程是在一次次的失败中不断推进的，通过实验、比较、推敲和艰苦的合作，最终呈现的是一种“放松的游戏”般的聚合体，它富于张力和延展性。当然，我觉得如果能在空间上作更大的尝试以挑战结构体的伸展极限或者提供参观者的游戏参与性和互动性，会有更加不一般的感觉。

不论如何，We did it！

明年要干点什么呢？我又在期待……

水本无形

邱晓葵

又是一年材料营，碰巧又被分配到了水空间小组，我作为水空间小组的带队专家已是第二回，上次正好是材料营的首届。虽然水空间小组材料的匮乏众所周知，但经过了几届材料营的活动，现在，我对学生的创作能力有十分的把握。

水是人们喜闻乐见的，有人说水代表财，流动的水象征财源滚滚。我发现“水空间小组”的微博差不多已被各种“水”的广告占领，“水上乐园”、“温泉养生馆”，其实水在生活中扮演了不同的角色。那清凉透彻、消毒液扑鼻的泳池水；那热气腾腾、富含矿物成分的温泉浴水……

水到底是什么呢？我们知道水是地球上最常见的物质之一，是包括人类在内的所有生命生存的重要资源。大自然赋予我们的水有很多：海水、江水、河水、湖水、溪水、泉水、井水、雨水、雪水、冰水等，这些水能滋养生命，灌溉田地。

孔子说“智者乐水”，意为聪明人通达事理，性情好动就像水不停地流动一样。由于水是多变的，具有不同的样貌，它既可柔和，又可锋利，可以为善，也可以为恶，难于追随，深不可测。老子也说过：“上善若水，水善利万物而不争。”意为最高境界的善行就像水的品性一样，泽被万物而不争名利。水的包容性非常强，从不选择自己的环境，只要给它空间就可以存在，也就是说：水本无形，因器成之，容水之器有什么样的轮廓，这水就变成了什么样的形。水可以说是人生命历程最形象的比喻。

水是纯净的，水因在某些特定环境下所呈现的水平状态使人体会到远离喧嚣、宁静的气质。日本建筑师安藤忠雄创作的“水之教堂”就用了象征宁静的水。那水池的深度是经过精心设计的，以使水面能微妙地表现出风的存在，甚至一阵小风都能兴起涟漪。水也是残酷的，它可以夺去人的家园甚至生命，当我看了动画短片《回忆积木小屋》和电影《夺命深渊》后对水增添了许多悲凉和莫名的恐惧感，当水覆盖了我们的家园、夺走了我们亲人的生命，留下来的也只有回忆。

生活中我们能看到各种各样因水而骄傲的景致：看得见大海的房间；城市中的滨水景观；荡漾着湖水的公园；依河架桥的江南水乡；流动着小溪的山间别墅；有着碧绿池水的后花园……这些附加的水不可否认地提升了这些空间的品相。

水也一度以特殊材料的身份进入室内设计中，成为设计师惯用的设计手法，以至于我们已司空见惯、熟视无睹了。水在室内空间中的表现大体有两种：一是采用真实的水，如瀑布、喷泉、水池……二是采用象征意义上的水，如使用透明质感的材料、象征水的色彩、水纹图形图案、模拟真实水的声响、水的多媒体影像等都可以使人产生与水相关的联想，能塑造具有水意境的空间氛围。

然而除了这些，水还能够有什么样的空间塑形呢？这是我在材料营活动中期望同学们回答的问题，而由此引发的对水的联想就非常有意思了，水的循

环、水的漩涡、水的气泡……这次活动由于小组里的学生人数较多，想法自然也很多，但无奈材料的匮乏、时间的匆忙就只能实现其中的两个方案。

这次“水空间小组”由上海大学美术学院的三名学生、韩国淑明女子大学的两名学生、中央美术学院建筑学院的七名学生组成，由于上海大学美术学院及韩国的学生住宿清华，与中央美术学院相隔较远，方案阶段你来我往已浪费了不少时间，后来时间紧迫，不得已在材料制作阶段分为了两组，实施两个不同的方案。上海大学的何小青教授与黄国涛老师指导“水的循环”一组，我负责指导中央美院这边“水的气泡”一组。泡泡的选题是由中央美院的刘爽同学首先捕捉到的，最后由刘永超、印允智、王志刚、杨柳等同学帮助深化方案并制作。我的研究生曹阳同学帮助我做了许多具体的工作，虽然在材料营的营员名单中没有提及，但他在这次的活动中起到了很大的作用。

我们的设计目标是“捕捉多变的水”。同学们发现：当水遇到皂角再注入空气，神奇的事情就出现了。这样，捕捉运动中的泡泡就成为主要的形式语言了。泡泡是我们童年时非常美好的记忆。一个一个的泡泡是儿时用吸管沾着肥皂水吹出来的，大大小小，晶莹剔透，漫天飞舞。一堆一堆的泡泡是在澡盆里那些大大小小挥之不去的泡泡群，它带给我们无尽的遐想，人长大了泡泡离开我们越来越远，仿佛我们的童年也渐行渐远。

泡泡形态的变化虽是短短的一瞬间，当我们用眼睛观看的一瞬，即是捕捉到了时空的穿越，这样就与此次材料营的创作主题——“穿越”连带上了时间的维度。

肥皂泡的存在，是一种不断衍生、变化、消失的过程，它借助气泵的加压，从低处生长一直达到高处，下面的泡泡在上面的泡泡的压力下出现变形的状况，紧靠“盒”壁的泡泡粘在壁上，形成稳定的结构，从而支撑更多的泡泡生长起来。人们可以感受到这些微妙的变化，体会泡泡存在的异样空间。同学们用透明的“盒子”把变化中的泡泡框起来，仿佛凝固了膨胀的空间，同时在“盒子”的壁面上开设了很多“洞口”，透过某个洞口可以用手直接触摸到泡泡；或者可以吹走泡泡，有些没有泡泡的空间还可以饲养金鱼或水生植物。“盒子”下的光透过泡泡水投射上来，空间就会有泡泡的投影，非常唯美。

泡泡小组的同学们打破了流动的水给人的固有形态，在加入了另一种物质和赋予其某种外力后，其就变成了“升腾的水”，从惯有的曲线、连绵不断的状态演变为一种圆润、无限复制、裂变的形态。

这次的创作营活动虽然结束了，但对材料的研究远远没有到头，随着我们对材料创作的进一步认识和探究，可以想象未来将会出现更多更好的材料艺术表达的实证。当材料与视觉艺术结合会产生更加广阔的创作空间，设计师会娴熟地在材料与空间创作上找到结合点。我们通过对任意一个材料的摸索、挖掘，不仅可以体现出设计作品更深层次的意义，同时这些千奇百怪的材料特性也将能成为空间创作灵感的源泉。

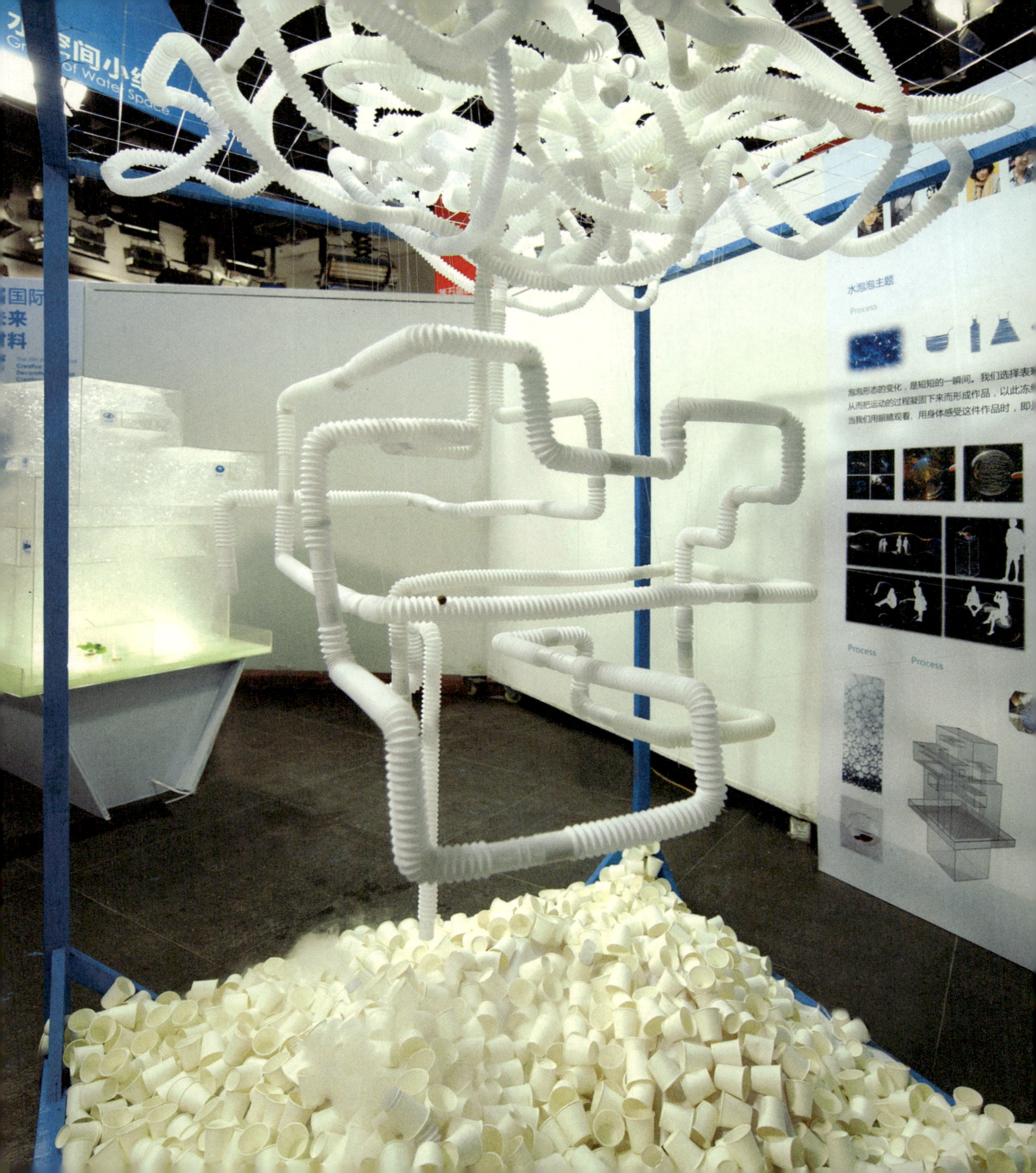

水泡泡主题
Process
Process
Process

水光潋滟晴方好

何小青

2011年的创作营活动已过去多日，每当看到相机里存放的照片，仿佛又回到了与孩子们一起思考共同创作的时光。有赞助者的自由创作活动机会难得，让参与的老师和学生们痛快地尽兴了一回。记忆里的每张认真的脸，让人早已模糊了时间和空间，我也深深地被这群年轻人的活力与热情所感染，做学生时的悸动在心中蔓延。

这次作为水空间的带队专家，流年似水，有些早已被铭记或抛弃的记忆在心中此消彼长，也顺应了本次创作营的主题——穿越，希望这一年一度的盛大聚会，能替所有人保存下心中对创作不变的热忱和冲动。

对水的赞美和创作亘古有之。忽然想起早些年游西湖，湖水碧绿而晶莹，散发着美玉一样的光泽，微风在湖面上勾勒出折扇一般优美的弧线，有如琴弦浅唱。阳光普照，湖面上立刻绽放出千万颗耀眼的金星，又如一张宝石串缀而成的大网在眼前轻浮，苏东坡“水光潋滟晴方好”的妙处大概就在于此吧。这样的情怀穿越古今，渐渐成为了人们心中自然地流露，且人们对水的赞美、思索和爱，也从未停止。

水本身是流动的生命，大千世界，万物在水中繁衍生息。千百万年周而复始的循环中，水，早已变成一种有魔力的介质，不知不觉中串联了我们的过去和未来。穿越一词，在当今社会颇是流行，大批中外穿越电影、电视剧、小说的狂轰滥炸，大大满足了观众的感官系统。但最让水空间组的孩子们辛苦思索的并非题目，而是面对赞助者提供的大批瓷片、瓷器洁具发呆。每次创作，都是一次苦行、一次挣扎、一次重生，经过无数次思考、讨论、推翻后，依然没有好方案诞生。最后，他们终于舍弃陶瓷洁具，另辟蹊径。

为了最大限度地保证创作成果的丰富性和发挥每个个体的特长和力量，水空间决定尝试性地完成了两个方案——水泡泡和水循环。看似毫无关系的两件作品其实有割不断的联系，水泡泡生动有趣，像这群迸发着创作火花的孩子们一样充满幻想和活力，将打泡机打出的泡泡放置于透明的亚克力容器中，微小的泡泡一点一点长大、上升、最后破灭，让每一个经过的人不由地侧目、伫立、思索。将普通的亚克力盒子分切成大小不同的多个体块，能看，可听，甚至触摸，还装进了颜色鲜艳自在游动的小鱼，这些都是孩子们很好的想法，让整个作品不仅用动态吸引人并引人思考，还在不同的空间中完成了人和作品的互动。

另外一个水循环的作品，是在清华美院完成的，是我看着孩子们从材料的选择、讨论、制作修改，到最后完成一路下来的。整个过程中，韩国学生的认真和对方案的执著，给我留下了深刻的印象，也许每个创作者在创作的路上都要有这样的精神支持他克服所有压力最后完成一件令人叹服的作品。作品外部蓝色的木质框架全部由孩子们一手完成，武雪让我惊讶地看到了女孩儿身上少有的狠劲儿，男孩儿都要小心翼翼装订的木条，竟被这个小个子的女孩儿拿起铁锤三两下搞定，后来我才知道，原来这个女孩儿很早起就背包旅行去过很多地方，不仅手头功夫过硬，实践能力很强，也有开阔的眼界和独立的精神。框架完成，为了实现作品用一种材料表现自然界中水的循环过程，孩子们在框架顶部编织了鱼线网格，在这副隐身的骨骼之外完成了塑料软管的固定和造型。制作中，孩子们在作品中间部分软管的摆放和固定方式上起了不小的争执，我作为老师并非主角，没有参加这个阶段的讨论，而是将自己当做一个局外人听了每个人的意见和陈述，连志红在这个时候引起了

我的注意，与大多数孩子对自己的主意坚持不同，她能在适当的情况下放弃自己的主意而融入大多数人中去，她似乎比其他人更加懂得如何最快地融入新的团队。

这个漫长的过程更像一场拉锯战，在作品将近完成时我同几个孩子一起去了材料市场，为作品底部寻找材料。对新材料的发现和探索总是富有乐趣且没有止境的，在你觉得思想枯竭时，总有闪光的小玩意儿及时出现，让人惊喜。我们找到了比例小巧可爱的纸质杯子，造型、颜色、寓意都与作品不谋而合。王帅在与摊主商议购买数量和价格时，不知使用了什么技巧，竟将摊主哄得心花怒放，不仅以低廉的价格成交，还送了我们很多小工具，节约了大笔经费。看着孩子们拖着材料说说笑笑走出市场，我觉得他们可爱极了。

作品收尾阶段男孩儿们发挥了组里的支柱作用，随我带队的黄国涛老师一丝不苟地推敲修改着每一个细节；文艺骨干彭胜刚备受组里的女孩儿喜欢，不仅对每个人照顾周全，还总能在其他人愁眉苦脸时幽上一默；学物理的苏志嘉不仅精通材料的拆装原理，也细心地用相机记录下水空间从开工到完成的全部历程。

每一年的材料创作营，于我来讲，不仅是所有老朋友们的相聚，也是我们对年轻人更加了解、对自己重新审视的一个过程。不得不说，每当我看到孩子们在创作过程中澄澈闪光的眼睛时，年轻时的理想便如水里的涟漪在心中荡漾。对于未来，年轻人需要的不仅是我们教授的经验技巧，更需要他们心中的对理想明朗的认知，执著地追寻和踏实地前进。

有时我想，创作之路的漫长艰辛，我们早已深刻体会，但年轻人所期待的，也许并不停留在对前路的探索，也许他们所想要的是一池幽深的潭水，天光云影徘徊中是创作者的乐园，也是一口深渊，胆怯者浅尝辄止，有勇气跃入深潭的人，才有机会，去领略对岸新的天地。在这里再次感谢清华大学美术学院环艺系杨冬江老师为本次活动辛勤的付出。

LOOK
TOUCH

浅谈创作营收获——水空间小组创作随笔

黄国涛

于刚刚告别学生时代不久的我来讲，连续两届参加材料创作营倍感荣幸。今年，作为水空间的带队老师，在清华美院见到各位前辈，专家，我也更像是一个学生，同90后年轻人在一起学习和处事，他们的积极乐观让我感到惊喜和钦佩，消沉已久的热情也重新被唤醒，漫长的创作之路，每一次尝试、每一次探索都是一次新的体验。

这次的活动，给来自不同院校和背景的师生提供了学习交流的平台，这样的互动对学生和老师都是极为难得的。在感恩于主办方的慷慨以及为我们提供便利的条件的同时，也对他们举办这样有意义的活动十分的敬佩。

今年的材料创作营的主题是“穿越”，着实酷了一把。水空间小组历来没有固定的材料，而这个命题恰好是时间和空间的双重表达，如往年一样，水空间实际展出的作品是在概念阶段几经推敲之后，才开始寻找合适的材料开始制作的。赞助商是一家知名的卫浴公司，但因为材料的限制，所以最终没能用到与其相关的材料。遗憾之余也顺便了解到一些高端卫浴的品牌文化，也算长了见识。材料的限制并没有成为学生们想象力的绊脚石，反而，他们对水的想象却更加的生动和幽默。由于材料的不确定性，水空间的作品分成两个概念，一个是强调趣味性和互动的水泡泡装置，水泵将特制的泡泡溶液打出泡泡，不仅表现水体的自然特性，也强调了参观者的主动性。

另一个是韩国学生Chou的创意，以“水的旅行”为题展开创意，描述一滴水珠由雨点落到地面，在地面蒸发形成水蒸气，然后在空中形成云朵，最后又变成雨滴落到地面，整个创意用了拟人的手法来表达水循环的过程，所以当Chou提出这个想法时，便得到了本组同学的认可。回想起当时这个韩国女孩表达想法的时候（因为她不会说中文的原因，所以一直用英语来表达），那种自信和自如很是值得我们的学生学习。经过本组同学的一番讨论之后，便把作品需要传达的概念以及作品的形式感定了下来，整个作品分三个部分，上面部分线条融合，寓意云卷云舒；中间部分线条横平竖直，简单明确，代表水循环的途径和过程；下面部分将空气加湿器掩埋于小纸杯中，缝隙中喷出白色气雾，象征水滴蒸发变为水蒸气回到天空又形成云朵。

经过在材料市场的反复筛选，最终选用的是可伸缩的白色下水管，坦白讲，换作平时，对于这种材料是不愿考虑的，但也恰恰是同学们勇于尝试的精神，使得这种材料在创作作品时，是多么的贴切和到位，无论是可塑性还是最终效果，都丝毫没有让人觉察到这是平日里再普通不过的下水管。

制作的过程一直存在着诸多不确定因素，而困难出现后同学生们一起思索，最后解决问题，这的确是一个很有意思的过程。起初为了节省经费，学生们去美院的木工作坊买了制作外部框架的木条，装订框架这样的粗活本应是男生的本领，但组里外表文静的武雪确实让我惊讶一回，看她手持铁锤装订木条的架势，组里的男生都没有她的那股狠劲儿，手头的硬功夫还真并非一日之功。框架布置完成，整个作品的体量也被随之基本确定，材料采购也是一个浩大的工程，遗忘一钉一铆就要重新返回材料市场，不过采购着实是女生的强项所在，偌大的材料市场，在逛遍大多数商铺后，找到了重点的几家。王帅在同几家老板闲聊后，竟将店主们哄得欢天喜地，以极其低廉的价格卖给我们材料后还赠送了很多实用的小工具，几次下来，竟然同商家都成了熟人，也为日后购买此案料提供了很多便利。进入到作品主题制作阶段后，组员们都有很强的团队意识，每个人发表自己的意见后，经过全组讨论总能顺利地产生最佳方案。特别在主体中间部分弯折的管道该如何固定时，有学生与大多数人意见不合而短暂的情绪低落，热情的彭胜刚发挥文体特长很快将局面hold住，载歌载舞，很快组员们又进入到兴奋的创作状态。在这个过程中，连志红也引起了我的注意，她在表达和听取意见时很少带有主观色彩，

更明白在团队工作中对个人意见的取舍和对他人意见的尊重。在作品的收尾阶段，底部的小个的纸杯和加湿器的布置不仅生动了作品本身，也深化了作品主题。制作对于同学们而言也变得更加得心应手，进度自然快了起来。苏志嘉是一个很细心的男生，不仅在制作过程中对细节特别关注，而且从开营直至结束都用相机记录下每天不同的风景。

在作品完成的最后阶段，一切调试完毕后，同学们接通了加湿器的电源，白雾渐渐升腾，气雾氤氲中，经过的人在装置前驻足观察，我想每个人，都会以自己的方式解读我们的作品。忽然记起创作营开营那天，韩国淑明女子大学的徐老师演讲的一句话：好的设计，能使人思考。就我自己而言，对每一次创作营的活动都充满了期待，陌生的学生们需要在最快的时间里形成有统一方向的核心团队。而每一次学生间，老师间、师生间的沟通互动也都是难能可贵的学习机会，这为我今后的为人和治学，提供了指引，不觉间才恍然发现，每一次创作的结束都是一次精神的丰收。

14×140之组织 “碎片”

傅祎

缘起

2011年的9月，作为指导教师，我第三次参加了为期十天的第五届“创意未来——装饰材料创作营”活动，活动由来自清华大学美术学院、中央美术学院、韩国淑明女子大学等多所专业院校的老师和一些活跃在设计一线的职业设计师、建筑师担任指导，多家材料厂家提供了活动支持，今年我又一次指导软木小组。

活动全程，各小组的学生通过微博跟踪报道课题进展，软木小组的学生们就以小组微博的界面作为要素，完成了最后成果的图面排版。与之呼应，我也试着以微博的体例写作，将每段文字控制在140字以内，表述一个小主题，用14段文字从5个方面组织对这次“材料营”活动的教学总结，完成被要求的2000字文的作业。

“穿越”

此次材料营活动用了时下热门的网络用语“穿越”作为主题，参加活动的“90后”对此有熟识感。“穿越”最初源于网络小说，意指借助想象的力量，以历史虚构的手法展开叙述，不受“时空”的限制与束缚。在网络世界中，“穿越”也被引申为“落伍”，形容某人从古代穿越时空来到现代，与当下环境脱节。

大家在第一时间给出了各种各样关于“穿越”的解读，“穿越”是一种动作，也是一种状态，与之近似的词语有“跨界”。“材料营”活动的特点就是学校与学校之间、学校与企业之间、教育与实践之间、设计与艺术之间“跨界”联合的材料探索。“穿越”比“跨界”多了一层“突破”之意，是一种提升、一种进化。

“穿越”依赖于某种介质形成边界的突破，比如时间的穿越、空间的穿越、层次的穿越、声音的穿越、光线的穿越、力量的穿越、动作的穿越、视线的穿越、水的穿越、汽的穿越，等等。“穿越”是一种反差的状态，是不同状态的并置，是行为过后的物化痕迹，是各种穿越留下的形态结果，是诱发材料创作的动机起因。

材料

“材料营”活动最重要的价值体现在从设计到实施的材料建构过程，这其中包括两个阶段的学习和训练：其一是图纸软件之间的无缝连接，从概念创意图到施工图的深化：从Maya、Rhino、Grasshopper等三维形体塑造软件到CAD的精确转译。这其中要顾及到材料的可能性。其二是实际搭建的设计与操作，获得实物制作的直接经验。

材料建构包括两个方面的设计：其一是整体形态与空间架构，设计概念要被及早翻译成有单元特征的几何空间系统。其二是细部节点与材料搭接，整体空间形态的制作落实依托材料连接的深化设计，学生需要通过足尺大样的试验获得经验。在此，教师的作用在于给出边界，聚焦问题，加以引导，给予鼓励。

软木是栓皮栎的树皮，生长于陕西秦巴山区中的栓皮栎，长到25年可以剥第一次皮，此后每隔10年可定期采剥，所以软木是一种可循环再生、可持续利用的材料。软木由扁平细胞组成，组织结构松散、质地轻软、富有弹性、不透水、不透气、吸声、耐火、隔热、隔声、耐腐蚀、耐摩擦、

有绝缘和密封的功能。

“材料营”活动用的软木装饰板材是由软木细粒和粉末与树脂和橡胶混合热压胶结而成，因其色彩、肌理、质感而具有装饰效果，但作为整体结构的材料并不见长。为了保证设计的纯粹，突出软木的材料特点，拓展软木的艺术表现力，降低实物制作的复杂度，通过控制作品尺寸和采用堆叠方式能够扬长避短、突出效果。

组织

这届软木小组的12位同学分属中央美术学院、上海大学、韩国暻园大学三所大学，来自北京、上海、首尔三座城市。要在材料工作营短短的10天时间内，从不认识到相互熟悉，共同合作完成作品的概念设计、表达制作和展览布置，让每位同学都有独立发挥的“工作空间”，最大限度地发挥作用，有效的组织是必须的。

设计组织：课题研究围绕“穿越”从材料试验和形态研究两方面进行。试验软木经过燃烧、腐蚀、粉碎、折弯、挤压、击打后的效果；寻找诱发人的视觉、听觉、嗅觉、触觉感受的媒介，比如火、光、冰、弹簧、铁钉、植物、干冰、按摩器；表达“穿越”的动作设计和时空压缩。形态结合介质；形态表现时间；形态记录结果。

工作组织：兼顾活动的成果要求和“可持续”设计的原则，软木小组决定以一系列相同规格的盒子作为成果组合展览，尺寸控制在300毫米×300毫米×300毫米、900毫米×900毫米×900毫米两种规格，小的，1个人至少完成一件；大的，每2个人完成一件。经过小组开始的头脑风暴后，每个人进行独立的材料试验和创意设计，最终完成了8件小的和2件大的作品。

“可持续”

1987年联合国世界环境发展委员会将“可持续发展”定义为既满足当代人的需要，又不对后代人满足其需要的能力构成危害的发展。“可持续”材料利用包括5R原则：Recircle（循环）、Reduce（减少）、Reuse（再利用）、Respect（尊重）、Remember（记忆），可进一步解读为因地制宜、物尽其用、高效节约、安全健康、环境友好、文化尊重。

“可持续”设计成效的考量要以“全生命周期”为时间限度，内容包括设计、制造施工、使用维护和最终拆除。软木小组此次确定最后成果不能是一次性的和短寿命的，以易于搬动、适合长期陈列为原则，结果比去年的软木小组节约三分之一用材，活动展览结束后，材料商将作品移展到了另一展销会，之后计划将它们陈列在自家的销售厅内。

空间材料试验面向的探讨

崔冬晖

不知不觉"创意未来——装饰材料创作营"已经走过了第五个年头，不但要感叹时光流逝，也要感叹这五年来创作营丰富的材料试验教学经验的丰富积累。每年快到材料营开营之时，我总是分外期待，一是能看到许多平时难见的朋友，一是能看到新一批学生的作品。材料营的宗旨：借由体验不同特性的材料，相互交流与启发，探寻不同的创意空间，激发新的设计思路，深度挖掘装饰材料的艺术表现力。这一直是每年的执行中心，每一组同学都会以此为要旨，展开自己的创作与试验。而今年对于这一中心有了新的展开面向，我想借此展开我的思考。

材料试验作品的小型化与系列化：一直以来，材料试验作品的尺寸大小，一直是我们老师争论的中心之一，做大容易浪费时间、精力，而又没有修改时间；太小，容易失去试验表达的张力。今年我们欣喜地看到，中小型试验作品的出现，带来了创作营新的风貌。这组作品以软木作为材料基础，以500毫米X500毫米作为模数基础，生成了一系列的材料张力探讨。学生可以以个人为单位，在较短时间内完成多种质感试验，而又不失张力。同时，系列化的材料试验也强化了材料试验这一目标。系列化对于材料的新认知与探索提出了更多的可能性。

多种材料混搭：今年材料营有多个小组，灵活运用了其他材料的介入，包括照明、绿植或他组的主题材料。这不但提升了本组作品的丰富性，还使试验性的氛围更加浓厚。这也打消了我们最开始关

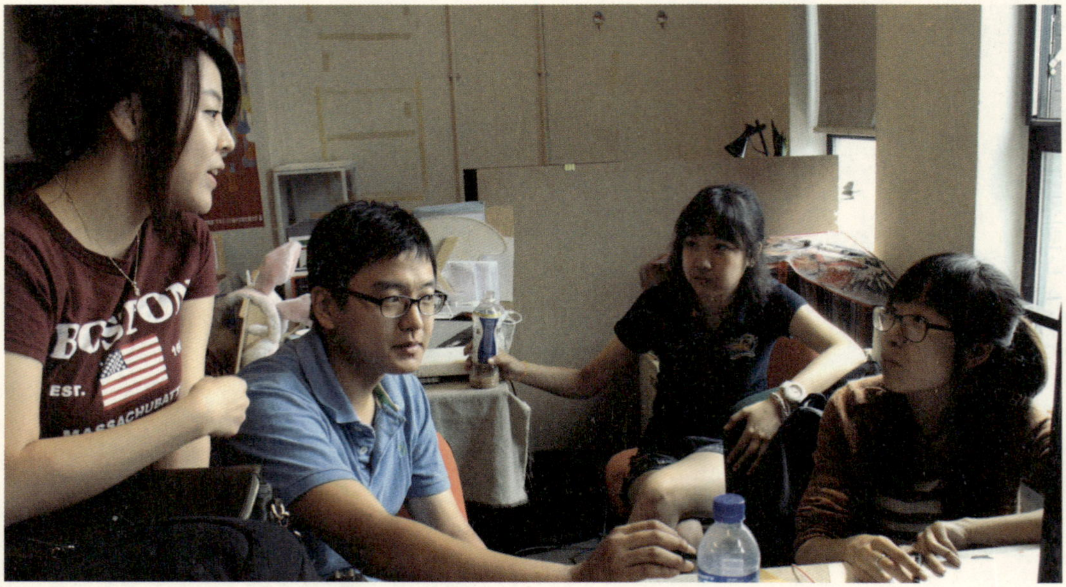

于过多使用其他材料的想法，反而弱化了自己的担心。接下来，我们应该更加尝试材料的互补性，将新的材料适当地加入到材料试验中去。

重视作品的最终视觉效果：今年作品中，很多小组更加重视作品最终的完成度和最终效果的视觉化，以期在最短的时间内达到更加完整而漂亮的视觉效果。这一目的不但考验了学生的团队协作精神，也会让创作营的话题性大大提高。

杨冬江老师曾对媒体说过这样一段话："对于设计这个行业来说，材料算是一个基础，材料越来越完善，可以使空间产生一些不同的设计感受。而就现在来看呢，不光是高校学生，也包括很多设计师，对材料反而是非常不重视的。我们举办的这个创作营，可以让学生更早地去接触材料，了解材料的特性，以及材料的应用常识，去挖掘材料本身的创作。学生上学的时候可以参加这种活动，而毕业后，他们更多地会投入到实习当中去，真正挖掘材料的机会就很少了。真正去体验一种材料，像这样尝试着去搞材料的创作，基础就会比较好。"这样一段话，正是我一直在这五年中，在材料创作营中努力以期达到的最终目标。产、学、研结合的自主创新模式也是我们期望在空间材料学中达到的最终、最高效果。

探寻材料的垂直深度

谢明洋

一年一度的“装饰材料创作营”在北京美丽的初秋如约而至。受杨冬江老师邀请成为指导老师的我满怀着兴奋和期待以及一些些惶恐的心情来到清华美院A区展厅参加开幕仪式。在这里，我看到了我非常尊敬的师长和设计行业的领军人物以及一些极为出色的业内设计师，看到了来自韩国、中央美院和上海美院及天津美院的师生，感觉既像是置身于一次环境艺术设计行业的“武林大会”，又更像是一场不分语言和地域，年龄和身份的盛大Party。在这种气氛的影响下，作为一个年轻老师的我也渐渐忘记了紧张的感觉，像一个好奇兴奋的孩子开始做游戏一样，愉快地和大家交流了起来。

虽然气氛轻松，但是创作营的日程安排却是相当紧凑的。拿到日程进度计划表，我不禁心里一惊：这时间安排比做设计项目还要紧张呐。非常幸运的是，我们软木小组的带队专家是中央美院的傅老师和崔老师，他们都是创作营的“五朝元老”，看着他们轻松淡定的神情，大家也比较有信心了。

相比于以往比较有导向性的设计主题，本届创作营的基调是非常包容和开放的。把网络用语“穿越”作为主题带有一些调侃的意味，也暗示了一种追求创新和超越常规的挑战精神。往届的软木小组已经探索过关于材料的肌理、结构和跨界应用等不同方面的特质，留给我们的空间似乎已经不多了，好在软木材料看起来相对而言可塑性强，加工容易。所以，我们决定首先从深入认识这种材料着手。

大多数同学对软木的认识来自于教室里用来张贴草图作业的“板报墙”，或者是日常生活中的红酒塞子，以为软木像密度板一样是一种人工合成的木质产品。经过前期的厂家介绍和调研才得知，原来软木是一种橡树的树皮，可以定期地采集而不伤害树木本身。现在世界上的软木资源主要集中在中国秦岭和地中海沿岸。这是一种可循环再生的且取之不尽、用之不竭的天然原料。软木不仅可以做饰面板，还可以做地板、鞋子、帽子，甚至灯具、时装！无数成功的案例使大家大开眼界，也初步确立了设计的基调：因为软木材料本身是非常环保的、可循环利用的资源，所以我们的设计也应当基于绿色设计的原则来构思设计的概念。

软木小组的赞助企业静林软木也是创作营的元老级合作伙伴，不仅在开营前就给师生提供了详尽的材料介绍，而且在带领同学们参观企业展厅，介绍生产流程、工艺以及产品特性的过程中，非常体贴地从设计师的角度对软木材料的特性、优点以及局限性进行了分析。从这个过程中，我们欣喜地发现了生产企业对产品的附加属性越来越重视，能够充分地考虑和尊重设计师在使用材料过程中遇到的问题。这一点，无疑令同学们备受鼓舞，设计的热情和理想、还有好奇心一下子被调动起来，一扫之前的拘谨和沉默，开始无拘无束地讨论，勾画草图方案。

前期的准备会、开营仪式、参观调研和专题研讨等活动占用了大约四天时间，真正构思和完成概念设计只有两天的时间。11位组员既要克服交流的障碍，达成一致的意见，又要能够互相理解和欣赏，并且高效地合作。组长王宁非常敏锐地捕捉到设计的主线，即基于人的五感：视觉、听觉、味觉、触觉、嗅觉的角度来体验和挖掘材料的特质，体现绿色设计的精神。这样，每个同学在共同的主题下完成相对独立的小尺度的作品，力求主题明确，制作精良。我们也设计了整个设计的过程：第一，所有的材料经过预先计算，避免浪费。第二，三个1米见方的盒子应当由若干小立方体组成，并且设计它们的组装方式，这样，一方面保证了展览的效果，另一方面拆解后的立方体可以被携带回家，作为创作营的纪念品。

顺利完成搜狐现场直播的创意发布会后，我们进入了真正的制作阶段。之前的概念决定了我们必须抛弃无形的主题和漫无边际的想象，将所有力量集中在发掘作品的深度上。事实上，最近流行的一个词“垂直深度”正好给了我们这方面的启发。恋物如人，其性格的丰满、构架的完整、表现的丰富构成了事物的魅力和感染力，才会显得有内涵和外延，不那么单薄无趣。当然，软木材料不像茶叶和香水，有那么丰富多样的品种和各自的故事，软木就是软木，单纯、质朴、坚韧。小组成员开始各显神通，无所不用其极地挑战软木材料的“底线”。除了强酸溶液由于国家管制无法购买获得，其他所有能够想到的物理和化学实验都付诸了实施。来自韩国的Gwon Yun Ho同学分别用打火机、酒精和汽油灼烧软木材料，都均告失败，只有最后用篝火长时间地燃烧，才获得了一个黑色的、混合着焦灼和木香气味的、奇特的软木盒子。来自中央美院的徐爽同学是个想法特别多的女孩子，她尝试了绘画、粘贴材质、雕刻、浸泡等很多方法，最终才发现，静林生产的软木看似可塑，其实防火、防潮、防污、耐磨、抗蚀，接近“百毒不侵”了呢！

经过了密集的包括无数失败的试验，同学们不得不抛弃最初不切实际的想象，仿佛一切又回到了起点。大家一致认为，还是应该抛弃那些表面的、花哨的变形处理，保持材料最本质和舒展的状态来做设计。所有的软木材料保持本色，只是每个立方体重点体现一个创意点。来自塞尔维亚的蒂娜同学很快想到了利用软木的弹性，利用内置的小按摩器，来制作一个“一触即振”的盒子。来自上海大学的卢紫荷做了一个生长有漂亮的绿萝的盒子。事实上，软木材料坚韧又保温，是相当理想的立体种植的种植界面材料，这个应用的确非常合理而巧妙。央美的李铁等几个男生是造型高手，利用Rhino和激光雕刻机制作了一个暗藏了四条通道的盒子，外表平淡无奇，实际上内部别有洞天。王宁同学坚持表现软木材料的光影效果，用许多穿插的条状软木建造了一个盒子里的“森林”，在聚光灯的照射下，产生了美妙丰富的层次感，好像童话中召唤孩子们去冒险的神奇天地……

经过一个星期的忙碌，我们软木小组率先完成了工作，提前来到展厅布展。由于事先考虑、安排得比较清楚，我们的“盒子们”和傅老师设计的展架很搭配，所以从运输到现场组装都非常顺利。说实话，作为指导老师，我相当的轻松，既没有充当苦口婆心、念念叨叨的祥林嫂，也没有摆出严厉冷酷的监工面孔恐吓大家。整个过程就像是一次轻松有趣的游戏，大家毫无顾忌地争论，甚至善意地互相嘲笑，却又非常投入和默契地工作，熬夜。我就像同学中的一员，和大家一起抓耳挠腮地想主意，也会因为某次试验的失败感到沮丧，更会在开展时和大家一起忐忑不安，然后暗自得意洋洋。

短短的十几天，不能说我们把这件事做得很圆满，因为收获很多，但遗憾也不少。之前很是一厢情愿地想挖掘软木材料的文化属性，赋予它更多的人文内涵，或者诗意，或者时尚，而结果呢，却感觉略带着一些牵强。或许，事物的深度有着它自己的生长规律，就像树的年轮、酒的醇香、皮肤的皱纹、城市的肌理，并不是刻意而可以为之的。重要的是，这个过程的确让我记忆深刻，即使在被日常杂事淹没的忙碌生活的两个月后，我仍然会怀着愉悦的心情，嘴角挂着微笑地坐在电脑前清晰地回忆这段经历。感谢这个过程如此宽容、自由，允许游戏和犯错，允许不着边际地妄想和执著地坚持自我。相信对于同学们和我，都是一种精神上的鼓励，鼓励我们不断地去寻找设计单纯的感动和热情，并且坚持，不放弃。

装饰材料
创作营
The 5th International
Creative Future
Decorative Material
Creation Camp
3form小组
Group of 3form

箭在弦上

赵虹

8月的北京，在办公室里收到一份快递，打开一看，是一件白色的T恤，一个有趣的绿色标志印在上面——第五届创意未来——装饰材料创作营，3form小组。哈，是队服到了。还是上半年在一次论坛上，遇到清华美院环境艺术系的杨冬江老师，听到了清华材料研究的一些介绍，诸多设计团队老师的指导，广泛的学生参与，世界各地的游历，众多独特材料的试验，充满创造力的作品，真是十分令人向往。有幸得到杨老师的邀约，就此期待开营的时候了。

周六，一个阳光明媚的上午，清华美院的展厅里，来自清华，央美，上海、天津美院，中国建筑设计院，北京筑邦建筑环境艺术设计院等的十几位老师们围绕而坐，一张张纸条传递到每个人的手里。气氛有些神秘。大家都各自在纸条上写下了些什么。

缘起其实是材料营广泛的材料，不同的性能，如何定义一个具有象征意义而又具可操作性的命题，供学生们去发挥想象，进行本届材料营的创作？热烈讨论之后，产生了多个方向，甚至聊到了当下的网络语言hold住……中国字少而精，词义存在多元含义。要想与当代建筑材料结合似乎是一个难题，尤其是已经历四届创作的时候。关键时刻，杨老师祭出杀手锏，各位老师当场书写下头脑风暴的精练文字。

唱票时间到了。“融”、“器”……一个个意味深长的汉字给大家带来思考，虽各有特点，却都未获得大家的认同。“穿越”！忽然之间，仿佛有一道霞光闪现，大家眼前一亮。这么好的创意，是哪位老师想到的？只听中央美院的傅祎娓娓道来，穿越既可符合年轻人的语言、心理特点，同时又可以适应各种材料的特点。高，实在是高！第五届的命题就此诞生。

3form小组的十几位学生们来自北京、天津及韩国的多个院校。不知是否是应了3form的寓意，带队老师则是三人行，杨冬江老师，空享生活总裁跨界设计师刘孜，还有笔者。开营第一次师生见面会，刘孜老师给学生们讲解了穿越的课题，和厂方代表一起，介绍了3form材料。

3form是以树脂为基材加工而成的一种板状建材，同时也是全球环保透光材料的领导品牌。公司1991年创立于美国，2007年成为荷兰亨特集团成员，业务发展至欧洲及亚洲。3form以可持续发展作为品牌的核心理念，致力于开发设计领先、绿色环保的室内装饰产品，其独创的ecoresin生产原料，具有可循环使用、低挥发和不含PVC等优异的环保特性，使产品获得多项殊荣。3form产品还能将丰富的设计元素封装入透明的树脂面板，可以通过切割、钻孔、加热成型或冷却折弯进行装配等一系列的制造和加工，成为隔断、工作台面、椅子、吊顶、门或面板，运用于住宅、酒店、办公室、娱乐场所、会议中心等各种场所，从而呈现美轮美奂的艺术效果，为客户提供完美的材料解决方案。

教学之后，学生们簇拥在家长一样的老师身边合影，粉丝们用手机拍个不停，不一会儿材料营的微博已经被围观了。

不觉已是三天之后，清华美院的教室里、墙壁上，男生的照片都被画上了几笔粉红色，据说是女生的涂鸦作品。桌上摆满了3form材料，与杨老师一道，我们听取学生的第一轮方案汇报。

当今的学生们思维真是相当活跃，十几位同学形成了二十几个方向。前期归纳之后，依然不少于十个。其实学生们的年龄差异蛮大，从90后到80后的研究生，年轻人的想法天真烂漫，但大多难于实现。而学长们的创作十分专业，可又失于工程浩大，超出预算及实际操作能力。作为一线工作的职业设计师，我也提出了忠告，希望工程界定在可控范围，毕竟这个作业的完成是在有限的时间条件之内的。大家思路逐渐倾向于一位女生的方案，而不成想杨老师毫不留情地指出了实施过程中会遇到的问题。形象的再现，实现的难度，尺度感，材料加工与制作的节点处理，不由得让人感叹名师治学的严谨精神。作为组长的小刘为大家做了民主集中的工作，最终的选择是一个线条与板材穿孔而实现穿越的方案。再有三天，就要正式发布了。

搜狐的演播厅灯光闪烁，媒体聚焦，学生们登台讲述方案的时刻到了。上海世博会上的大学生志愿者，带来颇有大家风范的阐述与方案。韩国学生或英语或韩语的讲述，介绍了不同意味的想法。学生们的作品相比而言，中国团队的某些方案显得好大喜功，以规模取胜。而韩国团队的个别方案想法单纯，却也不乏意境与对自然、人类未来的思考。当然，除此之外都是各有亮点的。灯光小组的创意独特，黑暗中的舞者简易小动画十分有趣。

终于到了我们3form小组出场，出乎意料的是，学生们改回了当初废弃的方案。从PPT制作来看，学生们同样做了大量工作。如同其他组别的师生对答，杨老师依然是专业的质疑，会后师生们场下紧急会议，箭已离弦，就看能否修正轨迹了、击中目标了。

韩国淑明女子大学的徐秀卿教授则对她的学生们发表了她的看法，通过思考、对话、讨论、修改，学生们对设计的理解会逐渐接近现实。学生们的跨国之行，可能对其学习及将来的职业之路影响深远。

从微博上可见我们的组员都在发力。留学韩国的研究生刘龙学是创作主力，硕士班的老乔经验丰富。小伙子们担纲切割任务，女生们负责把树脂块儿打磨成型。开展之前，几乎是个不眠之夜。

又见展厅，已是成果汇报的时候了。丰富的组团构成，奇趣其间的金鱼与水汽，游乐园主题的灯光作品，探索植物3D，甚至火烧质地的软木构成，真有让人目不暇接之感。

3form小组压轴登场。两组弧形透明板材组成一个螺旋上升体。蓝色透明的树脂块散布其间。而一些大小不同的纸筒将两扇屏风一样的板材串联起来。穿越的主题得以

再现。而其实我们组员深知当初的想法是蓝色块会悬于空中，纸筒是牛皮纸，与板材上的竹断面更接近。而实现的时候，大家遇到太多挑战。切割是如此费力，看来轻盈透明的材料坚硬无比，切与磨都耗费大量时间与体力。吊装在7米高的空间里无法实现……

完成作品其实还是可圈可点的，但背后的故事只有组员深知。我想这也为他们上了一堂生动的教育课。回到课堂，他们又是箭在弦上，欲向何方呢？祝他们好运。

充实而又短暂的国际材料营结束了，作为初次参加的新人，我到更像个旁观者，参与了几个重要的节点，管中窥豹地观察了当代设计教育的一个窗口。学生们不乏激情与想象力，甚至有些更擅长于表达与呈现。而这次跨校跨国的组织，对他们而言是个考验，有些是成功的，有些则不然，更像单兵作战。建筑不是一个人的游戏，为了作品的实现，团队合作精神也许更加重要。

获得一种超越本身的自由……

彭军

忙碌的日子过得就是快！但9月11日闭幕式暨作品展览的热闹场面依然清晰得如同在昨天：大家品味着穿越11天后的“苦尽甘来”，享受着炫示作品创意的成就快感……

“穿越”是此次作品创作的主题。当初在各路专家参加的讨论会上最后确定的“穿越”，现在看来是一个启迪学生创意思维、领悟并表现多层面隐喻的、颇具有“嚼儿头”的命题，这在木板材组的作品中体现得尤为突出。

这次我负责的是木板材团队，和清华美院的聂影老师、石硕老师、天津美院的王强老师共同率领来自清华美院、天津美院、上海大学和韩国的大学的13位学生完成了这次“穿越”活动。尽管我带着天津美术学院的学生参加这个活动已经是第三次了，熟络了在短短几天内创意、制作的过程，但每次都带的是不同的材料创作组，所以每一次都好似一场“攻坚战”，而对于第一次用实实在在的装饰材料合作动手、制作一个表现深邃内涵的装置作品，对这些相互还陌生的“战友”们来说无疑是一场“遭遇+攻坚战”了。

8月30日简练而隆重的开幕式一结束，木板材创作组就在展厅中自己的领地围桌而坐，兴冲冲地启动了讨论程序。了解材料的特性显然是开战前必做的功课，木板材厂家是积极且配合的，提供了各种新的产品，但是再新的产品也还是众人熟悉的地板条儿，不用它来铺地而拿来制作既具有视觉冲击力又兼有寓意内涵的名为“穿越”的作品，着实令这个刚攒的“老中青”配置有瞬间“死机”的感觉。

此时领队老师的作用显然是重要的：首先进行碎片整理——清除隐藏在思想深处的认为地板条儿除了铺地，还能干出什么新鲜玩意儿的潜意识；对羡慕其他组新颖的材料而产生的沮丧心理作格式化处理；制定严格遵守的军规：一定创作出与前四届完全不同的作品形态；策划正确的战略：集思广益着力对作品构造的设计创新——不做“又一个”，只做“这一个”！提出渴望就必所及的目标：达到团队的由外到内的升华穿越！

青年人就像早上八九点钟的太阳，创意的能量和理性的睿智真是令人欣然：在9月3日的概念创意发布会上，组长彭奕雄同学将团队创意的构思和他们对“穿越”的理解向专家和同学们进行了诠释：

——在历史的长河中，对旧事物来讲创造意味着毁灭，而对于新事物来讲，创造就是新生。创造的过程就是一种穿越，一种思想上的穿越……

——我们理解的穿越，是记忆碎片在交错空间里的再现，这种过程类似源代码的自身属性，也就是储存记忆、再现记忆；

——源代码是我们每一个记忆碎片的载体，参加此次材料营的整个过程中的每一个事件都是我们小组成员的共同记忆，我们用木板材来具象地表达对这个抽象概念的理解；

——我们创作的目的：是希望能够定格在材料营的共同记忆，让我们在未来的日子里看到这件作品时，寻回参加此次活动的回忆，形成思维从过去到未来的穿越。

……

遗憾的是，由于公务繁忙，我没能和我的团队在一起，当天晚上，我在深圳通过QQ和组里的学生见面，看到了大家的创意草图，就其他专家提出的结构设计问题探讨到深夜。等到我9月7日赶到制作现场时，学生们在聂老师、石老师、王老师的指导下，已经按部就班地在进行构件装配了。

最后作品的亮相，学生们又有了别出心裁的展示创意：将部分地板条儿回归了铺地的功能，拔地而起的展台托举着经过精密计算角度、成旋转多边形的、实静似动的装置构造，通过对木地板的规律性构成，使其展现出强烈的律动感，带给人们似连地吸天般的穿越萌动。望着学生们左一张、右一张地相互拍着“穿越”照，看得出他们是多么的开心……

国际创意未来装饰材料创作营已经历时五届了，清华大学美术学院装饰材料应用与信息研究所为学生们搭建了国际间、校际间的交流平台，为环境艺术设计专业的校企合作实践教学作出了示范。杨冬江副主任为此付出了令人赞叹的辛劳，特别是自第三届他邀请了天津美术学院参加，使天美的学生们能够在这个平台获得教益。

用历程描述短短11天的活动乍看似乎过大，但是，浓缩了的感悟或许能对学生的成长产生久远的影响……借用木板材组学生在活动微博中的感言：

如果我们选择欣赏一个所谓的现实，

不论是坚持穿越还是选择放弃，

我们便会获得一种超越本身的自由，

并为此感谢！

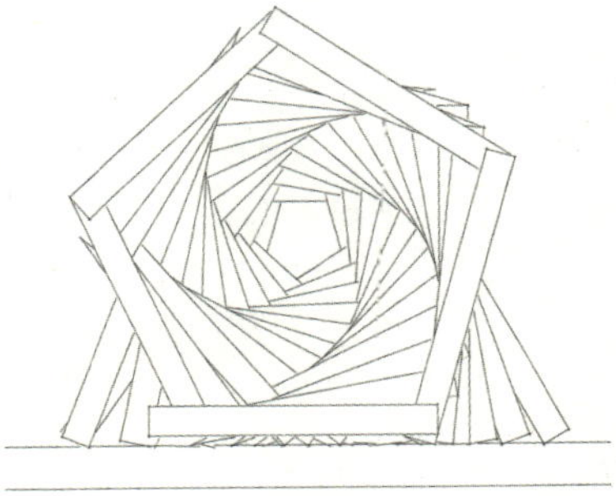

材料营木板材小组创作体会

聂影

木板材给人的印象往往是群体化而缺乏个性的，通常作为“底色”存在。此次活动给我的感受却恰恰相反：“调整”得当时，看来不具个性的材料，完全可能展现出炫目的光华。尤其让人印象深刻的是：面对一些须亲手制作的技术细节时，教师与学生似乎一时间“平等”了，二者反而能由此获得更大程度上的交流自由。

关于“穿越”

创作主题来自于一个网络词汇——确切点说，是一个成年人眼中的年轻人热点。于是对于一个流行词汇的不同理解，可能就是学生与教师之间最先产生分歧的地方。事后回想起来，学生们对于“穿越”一词理解方式的多元，并不如我想象中之多；但他们针对自己构想的阐释能力却远超过我的想象。在获悉了创作主题后，学生们的表现有些让人摸不着头脑：并没有我最初想象的“激动”或是“不屑”，而是慢条斯理地评价这个选题“不太好弄”，因为太过宽泛和不明所以。谈话到此似乎很难继续，只好硬着头皮告诉学生：看来宽泛的主题，可能不会对大家的创作有太多限定。从最终作品看，学生们通过对“动态”的塑造，成就了他们的“穿越”。

方案推敲的“起承转合”

起——学生们的第一轮方案让老师们有些担忧，共同的缺陷是：对材料特性了解不够；对制作方法和工作程序了解不清晰；对教师的建议和要求甚至稍有不耐烦。

承——后来，整个小组一起参观了“生活家”木板材的产品展示大厅。各种木板材在大厅中被分门别类地陈列着。学生们一方面认真地听着专业人员的讲解，一方面通过触摸、测量、色彩比对等对材质有更深入的了解。还有几位同学颇为有心，拍摄了大量图片，针对木板材的，针对展示厅现状的，针对学生和教师讨论场景的……教师们的最初计划是让13名同学分成3组，每个组分别完成2～3个方案。最终在这些方案中确定最佳的3～4个方案，再着手进行制作。因为小组中有来自4个院校的学生，清华美院9人、天津美院2人、上海大学美术学院和韩国首尔大学各1人。这使得分组时有些困难。清华美院的学生主动分成了3组，每一组各包括1～2名外院校的学生。老师们对此很欣慰，因为材料营的工作过程，不仅包括了方案讨论研究和制作过程，还包括对新来的合作者和陌生环境的适应。本院和外院同学的沟通和交流，不仅能帮助外院校学生消除陌生感，也能让美院的学生获得更多元的学术视角。

转——第二轮的方案显然有了很大的进步。学生们不仅提出了方案，还说明了制作方法。有两个方案我非常喜欢。它们为针对“材料”的设计带来了“文学性”。王紫薇提出了一个“迷宫”的主题。但在当时她的想法还很模糊。我建议她在这个方案中，索性把木地板当做“地板”来用，就是说完全可以利用厂家提供的尺寸不同，甚至特殊形状、不同颜色和质地的木地板来制作“迷宫”。这个方案几乎不需要在材料的继续加工上耗费时间，但制作前的设计、拼接和计算工作量却相当大。另一个方案对木板材的使用则是完全“反叛”的。石俊峰和张俊超（是否还有别的同学不得而知）给我们描述了一个颇为“迷幻”的场景：一张破损的高脚沙发倒在地上，老旧的落地灯碎片散落一地，地面好似龙卷风刚过似的扭曲成一团，然后人们可以看到一个巨大的螺旋形的“风洞”，将所有碎片吸入了一个无底的黑洞……学生们的描述很吸引我，我似乎可以想象出一个类似于20世纪50年代好莱坞黑帮片的场景，又似乎与时下一些小众

化的惊悚片剧情暗合。我想自己当时一定对这个构想给予了足够的肯定，但心里也很清楚，这种带有“戏剧场景”色彩的构想是根本无法实现的。且不说学生的制作能力和工具限制，仅就短短的五天制作周期而言，也几乎无法实现。

合——学生们在搜狐网的演播室里，向全体同学和辅导教师汇报了自己的方案。让我惊讶的是，他们汇总后的成果居然是由一系列单体构成的完整方案。就整个PPT而言，显然是集体工作的成果。之前在展厅、教室中拍摄的照片在这里都有呈现。我的确为他们整合资料、方案汇报手法的成熟而高兴，同时又尤其为他们能在短短几天内从陌生到熟悉，并能相互信任，团结一致完成工作而骄傲。

制作和成果

整个材料营的活动可以被看成是一部电影的上下集：上集是浪漫主义的，下集则是现实主义的。

第一周的工作几乎都围绕着方案汇报的成果来展开。对于学生而言，这部分的工作是相对熟悉的，有了顺畅的集体协作保证，他们能把每个人的思想、思维和电脑操作优势都展现出来。凭良心讲，教师们也很乐于在这个环节让学生充分展示自己的思想，与学生之间能有更充分的讨论空间。

当激动人心的方案汇报会结束后，学生们马上要面临的就是非常现实的“制作”、“安装”，甚至是“抢占设备资源”等具体问题。在这个阶段，学生们最需要的素质似乎并不是“天才的想象力”，而是必须有工程师的缜密思维，有落实所有技术细节的能力，能有效地组织协调小组内部的人力资源……最让人担忧的是，学生们对这一阶段工作的了解几乎为零。

我一度颇为担忧，竭尽所能地提醒学生们如何能在有限的时间和空间内完成现有方案。到了周四下午，我匆忙赶到现场，心里想着一定会看到一幅“大干快上”的场景。然而一切都与我的想象不同：那个巨大的像黑洞一样的螺旋怪物已经优雅而安静地“端坐”在展台上，台子下的地面上拼接着长短不齐的各个型号的地板。台子边上两个女生正在头对头地看着电脑……我很纳闷儿——“干完啦？”我猜自己的语气很像刚进大观园的刘姥姥。学生跟我解释说，他们把方案简化了，因为多为切割成品，只要现场安装即可，所以工期大大提前，目前已基本完工了。

我既对于他们在作品陈列时的细致考虑而感到意外，如上下台阶边的提示板，从大口看向小口的图片……也因为他们没能不间歇地工作，朝向最美好的理想不断迈进而有所遗憾。那以后一个问题一直困扰着我：他们为什么在离最终时限还差两天的时候就不再继续了呢？

木板材的“新特质”

或许每种材料都有自己的“特质”，有的奔放，有的内敛，有的轻佻，有的沉稳，有的浅显，有的复杂……木板材在我心中的形象一度是缺乏个性的，尤其是黯淡无光的，这次的学生作品倒让我对这个材料有了耳目一新的感觉。它可以是端庄的，又有点小怪异，甚至可以充满动感……这是学生们的作品告诉我的。

设计师的“动手能力”

我们的设计教育一直轻视“动手”能力的培养，那些能贯穿设计全程的、能驾驭多种材料、多种元素的动手过程，更是少之又少。这可能与我们的传统意识有关，也可能与我们的教育思路有关，甚至可能只是面对现行管理模式的一种被动应付。然而，动手能力——特别是理解和驾驭多种材料的能力——可能是设计师最为与众不同之处。从这个意义上讲，材料营的举办宗旨是值得赞许的；但反观设计教育实际，又不得不让人感叹前程的黯淡无光。

“方案汇报”与“设计成果”

方案汇报与最终成果之间的落差是不言自明的。二者谁更应“追随”谁的问题，甚至可以上升到设计哲学的高度。如果成果不追求最初的创意，那么设计业最精髓的内容便被忽略了。但如果创意之初就从未考虑实施的可行性，那么最终的结果绝不仅是创意的不可实现，而是设计师对创意和成果的全部失控。其结果之糟糕甚至比没有“设计”更差。然而，我们又常常不可抑制地迷恋于“方案汇报”的动人，同时又极少追踪方案实施的可行性和最终成果的实现程度。如果我们做不到这一点，材料营活动关注材料和制作，通过“体验材料”来“创意未来”的构想，恐怕很难全部达成。

材料创作营随感

王强

不知不觉中自己已是第三次带队参加材料创作营的活动了，今年材料营的活动时间比往年稍晚一些，已近开学了。前两届也曾接到邀请写篇过程随感，但都因种种原因没能完成，深表歉意。今年又逢带学生下乡写生没有电脑，回津后急忙伏案撰写，还好在乡下时已有基本架构，起笔时也还算轻车熟驾。其实对于材料营的活动我还是颇有感触的，主要是自己多年从事材料教学的缘故，对材料与艺术设计之间的关系深有感悟。

我作为木板材小组的带队教师参加了本次活动。平心而论我很羡慕清华美院的亲和力和社会影响力，能够取得社会各界的广泛支持和材料商的普遍响应，成功举办这样的活动我等兄弟院校鞭长莫及。对于有幸参加此活动的我更是珍视这样难得的机会，和众位老师专家学习交流。

本届活动的创作主题为“穿越”，意在表现材料的延伸扩展创意，挖掘出材料潜在的表现力和不同寻常的特质。“穿越”又是当下时尚的网络用语，极易与年轻学生产生共鸣。作品体量要求不超过3立方米，可以是一件作品，也可以是三件相互关联的作品组合在一起。总之题目很宽泛，尽量不给学生太多的束缚，使之能够尽情地发挥其丰富的想象空间，达到一种超越材料本质的艺术作品，从而实现一种“穿越”。

我们木板材小组由清华美院的学生、天津美院的学生、上海大学美术学院的学生和一名来自韩国的学生组成。阵容很强大。说是木板材小组，实质上材料商只提供木地板一种材料。因为厂家是以木地板为主打产品的企业，其他附属产品不在供货范围内。木地板这种材料发展到今天，已是非常成熟的装饰材料，广泛应用在各种环境的装饰工程当中，人们对此种材料的固有认识很顽固，如何突破这种传统的认识是一个首要问题。在第一次的小组会议上，我们导师组要求学生不要受地板样品的影响，不把它当做地板来认识，只把它当做具有一定厚度的木板材来理解。用这样的认识来创作我们的作品。

第二天材料商带我们去位于南城的地板专卖店看展品，并在店内选好产品的种类和花色。因材料商的主要生产基地在广东，路途遥远，运输需要一定的时间，所以我们在没有具体的设计方案的情况下选择材料的花色、品种及数量，确实有点隔山买老牛的感觉。材料商滔滔不绝地介绍产品，却让我忐忑不安，因为他非常详细地讲解着木地板的质地、硬度、耐磨度以及应用安装知识。我担心他的讲解会影响学生的思路，生怕刚刚走出木地板的思绪又被他给带回去了，不由得几次打断他的讲解。转过天来的方案汇报大大地出乎我的意料，可以明显地感觉到同学们丝毫没有受到材料商的影响，创意构想非常活跃，远超出了我所能想象的范围，在知识面和信息量上与我大学时不可同日而语。几个作品各具特色，都有抓人眼球的亮点，但仔细推敲又都有非常明显的缺憾，可以说优点和缺点同样突出。有的同学的设计明显缺乏空间尺度的概念，对材料的结合方法不了解，纸上谈兵没有可操作性；还有的同学方案立意很好，但构造过于繁杂，且短时间内无法制作，不能形成完整的作品。最后，经过全组师生的讨论研究确定了

以漩涡为主题的方案设计作品。此设计作品以一个渐变扭动的巨大漩涡，来表现木板材质朴的美感，作品的主要创意是要实现与观者的互动，使观者仿佛感到自己被这巨大的漩涡吸入，深陷其中不能自拔，从而表达一种抽象概念的“穿越”。

确定了方案，剩下的就是紧锣密鼓的制作了，这时又传来了坏消息，板材由于运输的原因晚到一天，这意味着大家要被动地休息一天，而接下来就是要加班加点地把时间追回来。事情既然如此，那就随遇而安吧，大家抓紧时间休息，迎接日后的挑战吧。材料商也很给力，确实只晚了一天材料全部到位，这其中他们做了大量工作才得以实现。我们很理解他们，毕竟路途遥远嘛！作品的制作过程也可谓一波三折，由于同学们对材料的结合构造知之甚少，开始的制作极不顺利，经过大量的试验才确定了利用金属穿钉连接的方式作为主要结合构造。这种金属穿钉构造要求木板打孔位置准确，只有穿钉连接准确才能营造漩涡的形态，每一块板材的打孔位置都需要精确的计算来确定。好在组里有计算天才，所以打废的地板很少，在经过几天艰苦奋战，还有实验室师傅的辅助加工后，作品终于完成了，看着自己辛苦多日完成的作品，心中的兴奋难以言表。毕竟这是同学们第一个自己动手制作的作品，从最初的方案草图到后期的制作组装，这种亲历的过程相信会给他们留下永久的记忆。同学们的参与热情和工作态度也感动了我，让我感到作为教师工作的意义与责任。

通过参与材料营的活动，发现学生在设计制作中的许多问题，使我从新审视自己的材料教学。一直以来我总觉得在我们现行的教学体系中，艺术设计课程更多地强调艺术理论的教学研究，而往往忽视设计

的真谛与本质。设计是为人而设计——只是停留在口头上或讲义里，并没有始终贯彻到整个教学过程中。现行的多媒体课件教学，也只是扩大了信息量，提高了授课效率，并不能解决教学结构上的缺失。我认为设计院校的教学缺少与社会需求相匹配的教学模式，往往形成两个相对独立的体系，美学理论方面的教学较多，与市场相结合的针对性教学太少，学生的动手能力更没有得到锻炼，对市场的需求不可能有清晰的认识，对材料构造等的知识知之甚少，这些教学中的问题在材料营的活动中也有所体现。学生对拿到手里的材料不知所措，初期的设计方案基本上都不具备可操作性，我想这应该就是平日教学的真实体现了。

材料创作营的活动，很好地弥补了我们日常教学中的薄弱环节，成为了学生的第二课堂，在这里学生们可以通过自己动手制作，学习和认识材料的特性。通过体验来感悟材料，这种感悟是课堂教学不能给予的。同学们体验设计活动的过程会对日后的设计实践起到深远的影响。

木板材小组
Group of Wooden Plate

让光成为主角

方晓风

装饰材料创作营的活动办到了第五届，笔者可谓全程参与，虽然每次参与的深度并不一致，但对其间的发展和变化还是感受颇深。一项活动能坚持下来是不容易的，一则说明创办的思路没错，能给参与者带来好处；再则证明了活动的组织工作有力，保障了活动的顺利进行；而从越来越多的院校参与其中的势头看，这样的活动在教学和交流上的价值，得到了越来越多的认同。从这届活动最终形成的成果看，颇为令人欣喜：六个小组的作品各有特色，充分利用了主题材料的特性，通过不同的路径来阐释本届的主题"穿越"。

在展览中，光环境小组的作品颇为引人瞩目。在展厅最深的一隅，围合出了一个黑空间，空间形状并不规整，入口是两个用宽松紧带做成的立屏，需要人拨开松紧带钻进去。进去后只见并无什么展品，空间中间是一个低矮的圆柱体，柱壁是由透明的塑料片围成，上面贴了一些黑色的小人图案。柱中心是一盏发出强光的灯，灯外有一个缓缓旋转的灯罩，灯罩上开了一个圆洞，随着旋转，将柱壁的图案投到空间的边界上，形成一个小小的动画，那小人围着空间腾挪跳跃，使得整个空间也不那么安定了。

这个作品的核心装置是整个展场实体部分最简单的，但显然整个空间都是作品的一部分，运动的光源，变化的投影，赋予了空间一点点神秘的氛围。作品引来不少观众，同学们私下有点自得。正如

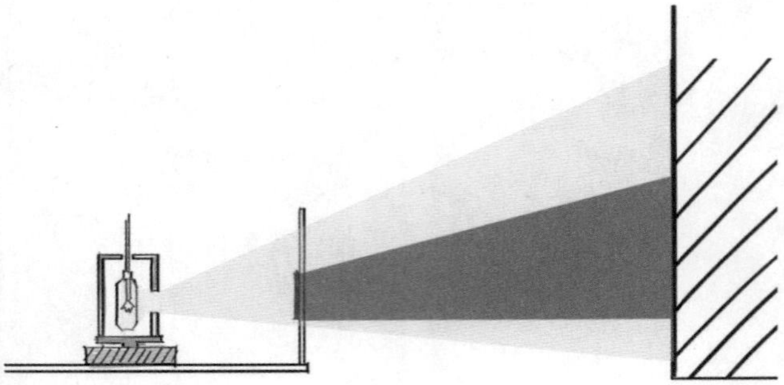

点评时管沄嘉老师所说，光环境小组反而是使用光源最少的。相较而言，其他小组使用光源，都是将光作为一个辅助元素，凸显各自的作品，有时光就是一种装饰；而在这个作品中，光源虽然简单，但光成为了空间的主角，光通过对空间的塑造确立了自己的位置和价值。

回到本届活动的主题"穿越"，眼下"穿越"是个红词，穿越剧热播，穿越小说畅销，穿越是有趣的代名词，它连接了不同的时空，在一个扭曲的点上叠加不同时空的内容，在叠加的过程中产生矛盾和趣味。不过大多数的穿越都是穿到了帝王之家，最终反映的仍是现下的人们对于深宫权谋的好奇。无论如何，穿越的完成必须涉及不同的时间和空间，这给本次活动带来了不小的挑战。本人是第一次辅导光环境小组，同组的管沄嘉老师有辅导经验，首次参加辅导的何崴老师本身是照明专家，因此，我们几位教师可成为学生们的后援。根据往届的活动经验，光环境小组和水环境小组的任务的确是有一定难度的，材料上比较难把握，以光环境为例，光源是任何一个小组都可使用的素材，如何让光成为主角是个难题。

著名建筑师贝聿铭有一句名言"让光来做设计"，空间虽是由不同的界面所限定的，但没有光，空间在视觉上是无法显现的。所有优秀的建筑师都不会忽视空间中光的作用，朗香教堂的窗洞、光之教堂的光十字架、中国传统园林中明暗变化的节奏，都给游走在其中的人们留下了深刻印象，而贝聿铭在苏州博物馆的设计中，对光的把握也令人称道。新建的苏州博物馆采用的是园林式布局，平面舒展带来的问题是容易迷路，而贝聿铭设计的巧妙之处在于通过光来完成指引，所有公共部分的空间都是有天光的，而展厅的照明则是受到抑制的，明暗的区分自然地引导人流的流动。视线正前方的对景，不仅提高了景观品质，这也是一个明亮的区域，增强前行的动力。

由于时间紧迫，头几天是头脑风暴，小组成员分别来自三所院校，清华美院、天津美院和韩国淑明女子大学，不同的教育背景的确带来不同的想法：天津美院的同学想以光为线索展现人生不同阶段的情形；清华美院的同学则是想实现一个具体的、与光的变化有关的穿越动作；韩国同学则像表现一个非常诗意的场景，并不在乎意义层面的阐释。在两三轮风暴之后，同学们的意见并未渐趋一致，而是都顽强地在各自发展。直到发表中期汇报前的一个下午，一个晃动的光源带来晃动的影子，让同学们兴奋不已。虽然在发表中并未继续推进这一概念，但他们似乎找到了一个着力点。

在继续交流的过程中，我提示同学们思考如何真正发挥“动”的威力，传统上有走马灯，是个玩意儿，而并没有空间上的意义，并且走马灯是光源不动，外面的灯罩转动。如果把装置的动静部分重新设置，灯罩不动而光源运动，则会在空间上显现出完全不同的效果。尤其对于“穿越”这样一个概念，时间性是一个关键点，运动显然有助于显示时间。一个转动的光源，犹如探照灯，渐次照亮空间，使空间整体无法同时展现，静态空间由此注入了时间性，投射的卡通小人，本身有一定的故事性，也活跃了视觉感受。更为有趣的是，同学们在发展概念的过程中，注意叠加的效果，观展者和场地中一些体块的投影会与小人的投影叠加，组成生动而有趣的画面。简单的装置，产生了不简单的结果，这是最让人回味的地方。

最后的成果是一个相当综合的结果，融入了许多人的想法和智慧，包括制作的探究，是一次很成功的合作。而让我尤为欣喜的是，同学们跳开了单纯装饰性的思维方式，走向了对空间的思考。空间永远是这个专业最核心的问题。

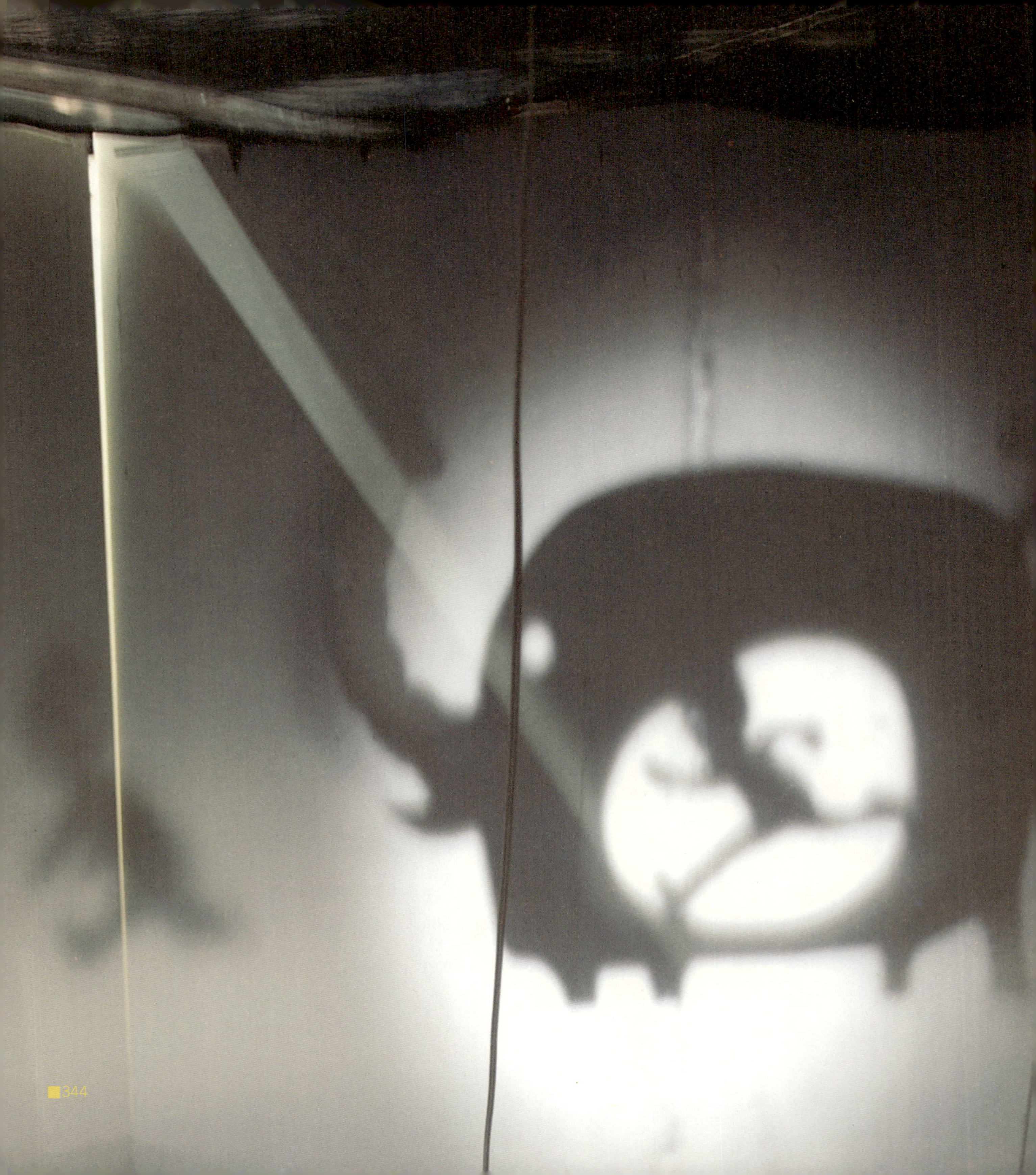

一盏灯的力量

何崴

今年很荣幸得到清华大学美术学院环境艺术系杨冬江老师的邀请，参与了第五届材料工作营的辅导。很早就听说了这个活动，也拜读过前几届的成果文献，当时的感觉就是这个活动非常好，它可以使学生直接面对材料，了解材料的特性，熟悉材料的表现力。而这对于建筑、环艺专业的学生来说是至关重要的。

本次材料工作营，我被安排到了光空间组。想来这和我在学校教学之余还主持一份关于灯光设计的杂志有关。光空间组的指导老师有三位，其他两位老师都来自于清华美院。非常有趣的是：我们三人都是工科建筑学教育背景，而后又任职于艺术院校的建筑或环艺专业，因此虽然是第一次合作，但几乎不需要任何的磨合时间，大家在认知和指导方向上往往惊人的一致。

本次工作营的主题是“穿越”。对于光空间来说，这个主题乍听起来很容易表现，但仔细想来要做得有创意并不容易。其他小组的材料大多呈现出固态或液态的形态，学生可以很直观地利用这些材料的固有物理属性加以设计、重构，表达主题。但光有所不同，它是一种“无形”的状态，因此对光的塑形就比其他材料要困难很多。此外，因为其他小组的作品往往也会借助照明手段来加强空间感、戏剧性。所以，如何有别于其他材料小组，使光成为创造的主角，是摆在光空间组面前的一个必须解答的命题。

带着这个命题，我和我的团队开始了2011年的材料工作营之旅。我们工作的开始是了解材料的特性。本次光空间组的材料配合方是广东三雄极光。这是一家全国性的灯具制造企业，主要生产民用和商用灯具。其使用的光源以传统光源（卤素灯、金卤灯、荧光灯）为主，也有少量的LED产品。在参观了三雄极光北京办公室，并听取了其工作人员关于三雄产品的介绍后，学生们发现了一个问题：本次可以使用的灯具和光源种类很有限，只有俗称灯杯的M16光源和T5线性荧光灯管。这对学生们来说无疑是一个“噩耗”，最初憧憬和想象的绚丽场景必将无法实现。

我从学生们失望的眼神中可以读到很多……从幻想的天堂到现实的北京只有短短的两个小时。

在了解了创造的基本条件后，学生们不得不重新定位：把最初对材料表现力的依赖转向对设计创意本身的思考上。在随后的辅导中，我和另外两位老师告诉学生关于光的表现可以分为两个方向。其一是对发光体、灯具的表现，即利用灯具的形态来表达主题；其二是对光自身的表现，利用光和影来塑造空间气氛，表达主题。而对于研究空间的设计师来说，俨然是后者更吸引人。

同学们最初的想法很多，有些凌乱，他们似乎陷入了一个误区，即希望通过讲述一个故事来诠释主题：“穿越”。想来这是学生时期的通病，也有可能是网络时代，穿越体小说带来的后遗症。不过无论如何，这个开始是危险的。因为本次工作营要求以艺术或空间装置的形式来诠释主题，故事性太强，很容易陷入自说自话的境地，而观众在短时间内是无法体会到作品背后的曲折表意的。在和同学们讨论后，指导老师建议同学们要简化复杂的、叙事性的设计，并要注意作品的尺度；最后的作品应尽可能单纯，要强调光的力量和对空间的感染作用。

时间飞逝，在经历几天的纠结和争论后，最终的方案被确定了下来。这是一个有点像“走马灯”一样的装置：一盏灯被安装在空间的中央，它有一个圆形的灯罩，灯罩上将有一些图像，灯会顺着一个方向旋转，于是灯罩图像的影就会被投射到墙壁上形成一种戏剧性的场景。此外，同学还希望保留韩国同学最初提出的用绳索组成“遮蔽物”，人从中间穿行的创意，并和“走马灯”结合起来。必须说，刚听到这个想法的时候，我心中一凉。原因有二：其一，“走马灯”的创意处理不好会显得很简陋；其二，两个完全不搭的想法如果结合不好将演化成一个“四不像”。于是，我把我的担忧告诉了同学们，并期待着同学们最终的答案。

装置制作的过程是痛苦并欢乐的。我从学生们疲惫的神态和兴奋的眼神中就可以读出很多信息。令人欣慰的是光空间组的作品从采购材料到制作、安装，几乎都是由学生自己完成的。在制作过程中，也发生过或大或小的意外和困难，但学生们都欣然地克服了。从他们身上我看到了一种朝气和团队精神，这让我越发觉得“嫉妒”和“羡慕”。

经过同学们的努力，“走马灯”终于呈现在了观者的面前，而我所担忧的“四不像”并没有出现。光空间组最终的作品很好地完成了同学们最初的设想：整个空间被墙面、头顶的黑布包裹起来，空间的中央使用了一盏冷白光的金卤灯作为“走马灯”的光源，光源由有个电机驱动（电机是从别的电器上拆下来，我们自己安装上的）沿逆时针旋转；为了完成对出光的控制，学生们自制了遮光罩，它可以把光线限制在一个特定的方向上；“走马灯”外侧是一层固定的灯罩，其上学生们绘制了一系列卡通形象，内容大概是描绘人和动物之间的身份“穿越”关系，随着光线的旋转，灯光扫过这些图像会在空间的墙上留下戏剧性的影子，而这些影子又和空间中特意摆放的构筑物形成了一种互动关系，如人跨越障碍物等。韩国同学设想的绳索“遮蔽物”最终演化成空间的入口，同学们选择了宽皮筋，并把他们绷在门形框架上形成一个需要挤入的门。观察者需扒开这些遮蔽物才能进入空间，在这个过程中也从另一个侧面反映了“穿越”的主题。

必须说，作品最终的效果给了所有观众一个惊喜。在一片黑暗中，伴随着孩时八音盒的音乐，单纯的灯光扫过整个空间，在四壁上留下略显神秘的图形，浪漫、奇幻在这一刻充满了整个空间。在这一刻，光和它的孪生兄弟——影，完成了它们的使命，带我们穿越了时空，去到了不知是何时何地的彼岸。

有意思的是：在所有小组中，光空间组所用的灯是最少的。整个作品只用了一盏灯，而正是这化繁为简的一盏灯在照亮空间的同时，也照亮了我们的心境。仔细想来，这也许就是光之所以带来希望的原因，这也许就是光的力量的真谛。

感谢以下机构对于实践教学活动的大力支持：

DURAVIT

生活家·巴洛克地板
ELEGANT LIVING BAROQUE FLOORING

三雄·极光®照明

WinSun
盈创装饰

JILINK®
静林软木地板

FORMICA®

3form®

DUPONT®

MILLIKEN®

MAC Architects-Consultants Group
명승건축그룹

macs RND